Grundlagen der Investition und Finanzierung

Alexander Zielonka

Grundlagen der Investition und Finanzierung

Cuvillier Verlag Göttingen
Internationaler wissenschaftlicher Fachverlag

Bibliografische Information der Deutschen Nationalbibliothek

Die Deutsche Nationalbibliothek verzeichnet diese Publikation in der Deutschen Nationalbibliografie; detaillierte bibliografische Daten sind im Internet über http://dnb.d-nb.de abrufbar.

1. Aufl. - Göttingen: Cuvillier, 2017

Nonnenstieg 8, 37075 Göttingen

Telefon: 0551-54724-0

Telefax: 0551-54724-21

www.cuvillier.de

1. Auflage, 2017

Gedruckt auf umweltfreundlichem, säurefreiem Papier aus nachhaltiger Forstwirtschaft.

ISBN 978-3-7369-9654-0

eISBN 978-3-7369-8654-1

Gliederung

I. Investition
   1. Grundbegriffe
   2. Cash Flow
   3. Statische Investitionsrechnung
      a. Kostenvergleichsrechnung
      b. Gewinnvergleichsrechnung
      c. Rentabilitätsvergleichsrechnung
      d. Amortisationsvergleichsrechnung
   4. Dynamische Investitionsrechnung
      a. Kapitalwertmethode
      b. Interner Zinssatz
      c. Annuitätenmethode
      d. Entscheidung bei Unsicherheit
   5. Unternehmensbewertung
      a. Liquidationswert
      b. Substanzwert
      c. Multiplikator
      d. Kurs-Gewinn-Verhältnis
      e. Zukunftswert: Ertragswert (u.a. CAPM/WACC)

II. Finanzierung
   1. Grundlagen
   2. Außenfinanzierung
      a. Beteiligungsfinanzierung
      b. Kreditfinanzierung
   3. Innenfinanzierung
      a. Selbstfinanzierung
      b. Abschreibungsfinanzierung
      c. Rückstellungsfinanzierung
   4. Spezielle Finanzierungsformen

Gliederung

I. Investition
   1. **Grundbegriffe**
   2. Cash Flow
   3. Statische Investitionsrechnung
   4. Dynamische Investitionsrechnung
   5. Unternehmensbewertung

Investitionen in der Bilanz

Aktiva (Mittel**verwendung**)	Passiva (Mittelherkunft)
Anlagevermögen	
Umlaufvermögen	

Investition ist die ***Verwendung*** von Kapital, d.h. die **längerfristige** Bindung finanzieller Mittel in Vermögenswerten

Finanzierung in der Bilanz & Definition

Aktiva (Mittelverwendung)	Passiva (Mittel**herkunft**)
Anlagevermögen	Eigenkapital
Umlaufvermögen	Fremdkapital

Finanzierung ist die ***Beschaffung***, ***Umschichtung***, ***Sicherung*** und ***Reduzierung*** von Kapital

Traditionelle Ziele der Investitions- und Finanzpolitik

- Rentabilität (Profitability)
- Liquidität (Solvency)
- Sicherheit (Security)
- Unabhängigkeit (Independence)

Rentabilität (Profitability)

$$\text{Rentabilität} = \frac{\text{Ergebnis (z.B. Gewinn, Zinsen)}}{\text{Bezugsgröße (z.B. Kapital, Umsatz)}}$$

$$\text{Umsatzrentabilität} = \frac{\text{Gewinn}}{\text{Umsatz}}$$

$$\text{Eigenkapitalrentabilität} = \frac{\text{Gewinn}}{\textbf{Eigenkapital}}$$

$$\text{Gesamtkapitalrentabilität} = \frac{\text{Gewinn + Fremdkapitalzinsen}}{\textbf{Eigenkapital} + \textbf{Fremdkapital}}$$

Die Rentabilität dient der Beurteilung des wirtschaftlichen Erfolgs. Sie informiert über die Höhe der Verzinsung und damit über die Effizienz unternehmerischen Kapitaleinsatzes.

Quiz: Rentabilität

Das Unternehmen „R-Bikes“ verkaufte 2016 3.000 Rennräder zum Preis von 1.120€. Die Stückkosten beliefen sich auf 880€ pro Stück. Das Unternehmen bezog 2016 sein Kapital zu 60% fremd. Der gesamte Kapitaleinsatz belief sich auf 2,1 Mio.€. Der Fremdkapitalzinssatz betrug 8%.

Berechnen Sie die Rentabilität, Umsatzrentabilität, Eigenkapitalrentabilität, sowie die Gesamtkapitalrentabilität des Unternehmens.

Quiz: Lösung

$$\text{Rentabilität} = \frac{\text{Gewinn}}{\text{Kapitaleinsatz}} = \frac{(3.000\text{Stk.} * 1.120€/\text{Stk}) - (3.000\text{Stk.} * 880€/\text{Stk})}{2{,}1\text{Mio}€}$$

$$= \frac{720.000€}{2{,}1\text{Mio}€} = 34{,}29\%$$

$$\text{Umsatzrentabilität} = \frac{\text{Gewinn}}{\text{Umsatz}} = \frac{720.000€}{(3.000\text{Stk} * 1.120€/\text{Stk})} = 21{,}43\%$$

$$\text{Eigenkapitalrentabilität} = \frac{\text{Gewinn}}{\text{EK}} = \frac{720.000€}{840.000€} = 85{,}71\%$$

$$\text{Gesamtkapitalrentabilität} = \frac{\text{Gewinn} + \text{Fremdkapitalzinsen}}{\text{EK} + \text{FK}} = \frac{720.000€ + 100.800€}{2{,}1\text{Mio}€} = 39{,}09\%$$

Financial-Leverage-Effekt

Der Leverage-Effekt (Hebelwirkung) besagt, dass die Rentabilität des Eigenkapitals mit zunehmendem Verschuldungsgrad steigt, aber nur solange die Rentabilität des Gesamtkapitals über dem Fremdkapitalzinssatz liegt

$$r = i + \frac{FK}{EK} \times (i - k)$$

r	=	Eigenkapitalrentabilität
i	=	Gesamtkapitalrentabilität
k	=	Fremdkapitalzinssatz
FK/EK	=	Verschuldungsgrad

Herleitung Leverage-Effekt

$$GKR = \frac{\text{Gewinn} + \text{FK-Zinsen}}{EK + FK}$$

GKR x (EK + FK) = Gewinn + FK-Zinsen

GKR x (EK + FK) = EKR x EK + FKZ x FK

EKR x EK = GKR x (EK + FK) - FKZ x FK

$$EKR = \frac{GKR \times EK}{EK} + \frac{GKR \times FK}{EK} - \frac{FKZ \times FK}{EK}$$

$$EKR = GKR + (GKR - FKZ) \times \frac{FK}{EK}$$

Quiz: Rentabilität

Das Unternehmen „R-Bikes“ verkaufte 2016 3.000 Rennräder zum Preis von 1.120€. Die Stückkosten beliefen sich auf 880€ pro Stück. Das Unternehmen bezog 2016 sein Kapital zu 60% fremd. Der gesamte Kapitaleinsatz belief sich auf 2,1 Mio.€. Der Fremdkapitalzinssatz betrug 8%.

Berechnen Sie die Eigenkapitalrentabilität mithilfe der **Formel zur Berechnung des Leverage-Effekts**.

Quiz: Lösung

$$EKR = GKR + (GKR - FKZ) \times \frac{FK}{EK}$$

$$EKR = \frac{\text{Gewinn + FK-Zinsen}}{\text{EK + FK}} + \left(\frac{\text{Gewinn + FK-Zinsen}}{\text{EK + FK}} - FKZ\right) \times \frac{FK}{EK}$$

$$EKR = \frac{720.000€ + 100.800€}{2.100.000€} + \left(\frac{720.000€ + 100.800€}{2.100.000€} - 0,08\right) \times \frac{1.260.000€}{840.000€}$$

EKR = 0,3908 + (0,3908 – 0,08) × 1,5

EKR = 0,3908 + 0,4662

EKR = 0,8571

EKR = **85,71%**

Steigerung der Eigenkapitalrentabilität durch Fremdkapital

Aktiva	**Bilanz**	Passiva

Aufwendungen	**GuV**	Erträge

Unternehmen X finanziert zunächst seine Aktiva in Höhe von 1M€, die zu 100% aus Anlagevermögen bestehen, vollständig aus eigenem Kapital. Es erwirtschaftet Umsatzerlöse in Höhe von 100k€. Dem gegenüber stehen Abschreibungen in Höhe von 20k€. Wie hoch die Eigenkapitalrentabilität?

Steigerung der Eigenkapitalrentabilität durch Fremdkapital

Aktiva	**Bilanz**		Passiva
AV	1M€	EK	1M€

Aufwendungen	**GuV**		Erträge
AfA	20k€	UE	100k€
Gewinn	80k€		

$\text{EK-Rendite}_{\text{einfach}}$ = Gewinn / Eigenkapital = 80k€ / 1M€ = 0,08 = 8%

$\text{EK-Rendite}_{\text{Leverage}}$ = GKR + (GKR – FKZ) * FK/EK
$\text{EK-Rendite}_{\text{Leverage}}$ = (80k€ + 0€)/1M€ + ((80k€ + 0€)/1M€ - 0,05)*0€/1M€
$\text{EK-Rendite}_{\text{Leverage}}$ = 0,08 = 8%

Angenommen, Unternehmen X entscheidet sich dazu, 50% seines Eigenkapitals fremd zu finanzieren. Der Fremdkapitalzinssatz beträgt 5%. Wie hoch ist die Eigenkapitalrendite bei 50% Fremdfinanzierung?

Steigerung der Eigenkapitalrentabilität durch Fremdkapital

Aktiva	**Bilanz**	Passiva	
AV	1M€	EK	500k€
		FK	500k€

Aufwendungen	**GuV**	Erträge	
AfA	20k€	UE	100k€
FK-Zins	25k€		
Gewinn	55k€		

EK-Rendite $_{einfach}$ = Gewinn / Eigenkapital = 55k€ / 500k€ = 0,11 = 11%
EK-Rendite$_{Leverage}$ = GKR + (GKR – FKZ) * FK/EK
EK-Rendite$_{Leverage}$ = (55k€ + 25€)/1M€ + ((55k€ + 25€)/1M€ - 0,05)∗500k€/500k€
EK-Rendite$_{Leverage}$ = 0,08 + 0,03 = 11%

Das Fremdkapital "hebelt" die Eigenkapitalrendite um 3% nach oben.

=> **Financial Leverage**

Grenze des Leverage-Effekts

In unserem Beispiel:

- Eigen-(Gesamt)kapitalrendite = 8% (vor Aufnahme von FK)
- Fremdkapitalzinssatz = 5%
- Unternehmen X leiht sich Kapital zu 5% und erwirtschaftet damit 8 % Rendite. Die Differenz von 3% kommt dem Unternehmen zugute.

- Läge der Fremdkapitalzinssatz über 8 %, so wäre es ökonomisch nicht sinnvoll, Fremdkapital aufzunehmen.

Liquidität

- Die Existenz eines Unternehmens ist gefährdet (Insolvenz), sofern es nicht mehr in der Lage ist, seinen **Zahlungspflichten zu jedem Zeitpunkt und in vollem Umfang nachzukommen**. Daher stellt die Liquidität eine strenge Nebenbedingung des Rentabilität anzusehen.
- Liquidität ist die **Fähigkeit** eines Unternehmens, **jederzeit seine fälligen Zahlungsverpflichtungen zu erfüllen**. In diesem Sinne kann Liquidität mit Zahlungsfähigkeit gleichgesetzt werden. Es gilt folgende Liquiditätsbedingung:
- **Zahlungsmittelbestand + Einzahlungen >= Auszahlungen**

Liquidität

- Ein wichtiges Kriterium für die Liquidität eines Unternehmens ist die Möglichkeit, seine **Aktiva in Geld zu verwandeln**. Die Liquidierbarkeit eines Vermögensgegenstandes ist umso höher, je niedriger die Transaktionskosten sind (z.B. Gebühren, Steuern oder Strafzinsen), die bei der Umwandlung in Geld anfallen, und je geringer die Preisschwankungen des Vermögensgegenstandes im Zeitablauf sind.
- **Einfach liquidierbar** sind z.B. **Bundesanleihen oder Aktien**, die das Unternehmen jederzeit an einer Börse verkaufen kann. Als **wenig liquidierbar** gelten **Immobilien und Produktionsanlagen**.

Kennzahlen der statischen Liquiditätsanalyse

- Die statische Liquiditätsanalyse basiert auf **bilanziellen Bestandsgrößen zu einem bestimmten Stichtag**.
- Aktiva: Je **längerfristig** (kurzfristiger) ein **Vermögensgegenstand gebunden** ist, umso **später** (früher) folgen die entsprechenden **Einzahlungen**.
- Passiva: Je **längerfristig** (kurzfristiger) das **Kapital zur Verfügung** steht, umso **später** (früher) sind die damit verbundenen **Auszahlungen** fällig.
- Goldene Finanzierungsregel: Die Fristigkeit des Kapitals soll der Fristigkeit des damit finanzierten Vermögens entsprechen. Auf keinen Fall sollte kurzfristiges Kapital zur Finanzierung von Vermögensgegenständen verwendet werden, die mittel- oder langfristig gebunden sind. Daraus lässt sich ableiten:
- Langfristiges Vermögen / Langfristiges Kapital <= 1
- Kurzfristiges Vermögen / Kurzfristiges Kapital <= 1

Liquiditätsgrade

$$\text{Liquidität 1. Grades} = \frac{\text{Liquide Mittel}}{\text{Kurzfristiges Fremdkapital}}$$

$$= \frac{\text{Kasse} + \text{Bank} + \text{Schecks} + \text{Wertpapiere des Umlaufvermögens}}{\text{Kurzfristiges Fremdkapital}}$$

$$\text{Liquidität 2. Grades} = \frac{\text{Monetäres Umlaufvermögen}}{\text{Kurzfristiges Fremdkapital}} = \frac{\text{Liquide Mittel} + \text{Kurzfristige Forderungen}}{\text{Kurzfristiges Fremdkapital}}$$

$$\text{Liquidität 3. Grades} = \frac{\text{Kurzfristiges Umlaufvermögen}}{\text{Kurzfristiges Fremdkapital}} = \frac{\text{Monetäres Umlaufvermögen} + \text{Vorräte}}{\text{Kurzfristiges Fremdkapital}}$$

Liquiditätsgrade

- Je höher die Liquiditätsgrade sind, desto günstiger fällt die Beurteilung der kurzfristigen statischen Liquidität aus.
- Daumenregel:
  - Die Liquidität 1. Grades sollte 10 bis 30 % betragen
  - Die Liquidität 2. Grades ca. 100 %
  - Liquidität 3. Grades ca. 200 %.
  - Je nach Unternehmen, Branche oder Zeit können andere Werte angemessen sein.
- Problem: die Liquiditätsgrade geben keine zuverlässige Auskunft über die heutige Liquidität, geschweige denn über die künftige Liquiditätskraft des Unternehmens.

Deckungsgrade

- Die Deckungsgrade dienen als mittel- und langfristige Kennzahlen der statischen Liquiditätsanalyse. Es wird zwischen den drei Deckungsgraden A, B und C unterschieden.
- Vermögensgegenstände sind durch fristenkongruentes Kapital zu finanzieren sind.

Deckungsgrade

$$\text{Deckungsgrad A} = \frac{\text{Eigenkapital}}{\text{Anlagevermögen}}$$

$$\text{Deckungsgrad B} = \frac{\text{Eigenkapital} + \text{Langfristiges Fremdkapital}}{\text{Anlagevermögen}}$$

$$\text{Deckungsgrad C} = \frac{\text{Eigenkapital} + \text{Langfristiges Fremdkapital}}{\text{Anlagevermögen} + \text{Langfristiges Umlaufvermögen}}$$

Kennzahlen der dynamischen Liquiditätsanalyse

- Instrumente der dynamischen Liquiditätsanalyse sind in erster Linie Cashflow- Kennzahlen, welche künftige Zahlungsströme aus den Zahlungsströmen der Vergangenheit prognostizieren.
- Cashflow i.w.S. = Überschuss Einzahlungen über Auszahlungen einer Periode
- Ein positiver Cashflow bewirkt eine Erhöhung des Zahlungsmittelbestandes, also des Bargelds und Bankguthabens. Das Volumen der Ein- und Auszahlungen lässt sich ausschließlich unternehmensintern bestimmen.
- Cashflow i.w.S. = operativer Cashflow (Überschuss der zahlungswirksamen Erträge über die zahlungswirksamen Aufwendungen aus der laufenden Geschäftstätigkeit)
- Da nicht alle Ein- und Auszahlungen einer Periode aus dem Jahresabschluss erkennbar sind, sind externe Analysten auf eine indirekte Ermittlung des Cashflows angewiesen.

Gliederung

I. Investition
   1. Grundbegriffe
   2. **Cash Flow**
   3. Statische Investitionsrechnung
   4. Dynamische Investitionsrechnung
   5. Unternehmensbewertung

Cash Flow

Direkte Methode
Einzahlungen
- Auszahlungen
= cash flow

Contra:
- aufwändig, da alle Zahlungsvorgänge erfasst werden müssen
- Rechnungswesen liefert in der Regel keine Aufzeichnungen aller Ein- und Auszahlungen

Indirekte Methode
Jahresüberschuss
+ auszahlungsloser Aufwand
- einzahlungsloser Ertrag
= cash flow

Pro:
- geringerer Aufwand, da Start mit Nettoergebnis aus GuV
- Korrektur von zahlungsunwirksamen Ertrags- und Aufwandspositionen
- Ermittlung cash flow nach IAS meist nach indirekter Methode

Cash Flow

Gewinn- und Verlustrechnung Jahr 01			
Aufwand	01	Ertrag	01
Materialaufwand	500	Umsatzerlöse	990
Personalaufwand	250	Zinsertrag	10
Pensionsrückstellung	25		
Abschreibungen	50		
Zinsaufwand	75		
Jahresüberschuss	100		
Summe	1.000	Summe	1.000

Direkte Methode	01
Umsatz + Zinsertrag	1.000
- Materialaufwand	- 500
- Personalaufwand	- 250
- Zinsaufwand	- 75
cash flow	175

Indirekte Methode	01
Jahresüberschuss	100
Auszahlg.loser Aufwand	
+ Abschreibungen	+ 50
+ Rückstellungen	+ 25
cash flow	175

Cash Flow - indirekte Ermittlung

Jahresüberschuss/Jahresfehlbetrag

+/– Abschreibungen/Zuschreibungen auf Anlagevermögen

+/– Erhöhung/Auflösung langfristiger Rückstellungen

= Cashflow

Bei vollständiger Information über die Zahlungswirksamkeit aller Einzelpositionen fuhren der direkte und der indirekte Ermittlungsweg zum selben Ergebnis.

Cash Flow - direkte vs indirekte Ermittlung

Ein Unternehmen weist in einem Jahr folgende zahlungswirksamen Erträge und Aufwendungen aus:

- Umsatzerlöse 280
- Gehälter 80
- Materialverbrauch 85
- Zinsaufwendungen 10
- Steuern 15

Zahlungsunwirksame Aufwendungen sind:

- Abschreibungen 30
- Rückstellungserhöhung 20

Der Jahresüberschuss ist somit 40

Cash Flow - direkte vs indirekte Ermittlung

Direkte Ermittlung:

Zahlungswirksame Erträge 280

– Zahlungswirksame Aufwendungen 190

= Cashflow 90

Indirekte Ermittlung:

Jahresüberschuss 40

+ Abschreibungen 30

+ Rückstellungserhöhung 20

= Cashflow 90

Layout

- Das Sicherheitsziel bezieht sich auf die **Begrenzung finanzieller Risiken**.
- Risiko kann definiert werden als **Gefahr eines möglichen Verlustes**, der sich aus der Abweichung zwischen der tatsächlichen und gewünschten Entwicklung ergibt.
- Unternehmen gehen bewusst Risiken ein, wenn sie damit einen entsprechenden **Mehrwert** schaffen können. Gleichzeitig dürfen die Risiken nicht unbegrenzt sein; vielmehr sind sie unter Beachtung des Rentabilitätsziels und der Liquiditätsbedingung zu optimieren.
- **Hohe Rentabilität** bedeutet in der Regel **geringere Liquidität** und **höheres Risiko**.
- Im Rahmen der Kapitalbeschaffung ist in erster Linie von Bedeutung, wie stark sich das **Leverage-Risiko** durch zunehmende Verschuldung erhöht.
- Bei der Kapitalverwendung ist zu beachten, dass die **Zahlungsüberschüsse aus Investitionen unsicher** und schwankend sind.

Sicherheit

- **Kurzfristige Risiken** treten insbesondere im Zusammenhang mit unterjährigen Geldanlageentscheidungen auf.
- **Langfristig** relevante **Risiken** umfassen einen Zeitraum von mehreren Jahren und folgen aus strategischen Investitions- und Finanzierungsentscheidungen.
- Risiken sind als Kriterien, die die Rentabilitäts- und Liquiditätsziele ergänzen, immer mit einzubeziehen, weil sie den **Fortbestand des gesamten Unternehmens gefährden** können.
- Ein **Risikomanagementsystem** erlaubt eine systematische Identifizierung, Bewertung, Steuerung und Kontrolle von Risiken.

Unabhängigkeit

- Das Streben nach Unabhängigkeit ist je nach Unternehmen und Interessengruppe verschieden stark ausgeprägt.
- Empirische Untersuchungen belegen, dass das **Unabhängigkeitsziel** umso mehr Bedeutung hat, je größer der bisherige **Einfluss auf** die **Unternehmenspolitik** ist.
- Insbesondere **mittelständische Unternehmen**, bei denen Inhaber- und Leitungsfunktionen in einer oder wenigen Personen gebündelt sind wollen oftmals ihre **Unabhängigkeit erhalten** - nicht selten sogar zuungunsten der Rentabilität.
- Durch eine aktive Gestaltung der Investitions- und Finanzpolitik kann ein Unternehmen versuchen, **Unabhängigkeit und** die **übrigen finanzwirtschaftlichen Ziele in Einklang** zu **bringen**. Unabhängigkeit wird in diesem Sinne Mittel zum Zweck.

Unabhängigkeit

Im **Investitionsbereich** dienen beispielsweise folgende Maßnahmen zur Stärkung der Unabhängigkeit:

- **Innovation**: Die Entwicklung neuer Produkte und Verfahren soll dem Unter- nehmen die zukünftige Flexibilität sichern.
- **Diversifikation**: Bei einer vertikalen Diversifikation beteiligt sich ein Unternehmen an vor- oder nachgelagerten Stufen. So kann durch die Beteiligung an einer Zulieferfirma die Beschaffung notwendiger Materialien sichergestellt werden. Bei einer horizontalen Diversifikation stehen die neuen Produkte in einem sachlichen Zusammenhang mit den bisherigen. Beispiele dafür sind Firmenkäufe, um durch das zusätzliche Know-how, z.B. auf den Gebieten Produktionstechnik oder Vertriebssystem, die eigene Unabhängigkeit zu sichern.
- **Marktdurchdringung**: Das Unternehmen erhöht durch die Übernahme von Konkurrenten seine Marktanteile und damit seine Dispositionsfreiheit.

Unabhängigkeit

In Bezug auf den **Finanzierungsbereich** können Unabhängigkeitsziele auf den folgenden Gebieten eine Rolle spielen:

- **Beteiligungsfinanzierung**: Die Inhaber oder Anteilseigner erhöhen das Eigenkapital des Unternehmens von außen durch Zuführung zusätzlicher Finanzmittel. Wenn mit dem neuen Eigenkapital Stimmrechte verbunden sind, kann es zu einer Verschiebung der bisherigen Machtverhältnisse kommen.
- **Kreditfinanzierung**: Den Kreditgebern stehen keine unternehmenspolitischen Entscheidungsbefugnisse im Sinne von Stimmrechten zu. Dennoch können sie – speziell bei hohen Volumina – einen faktischen Einfluss auf die Unternehmensführung ausüben. Darüber hinaus schränken erforderliche Kreditsicherheiten wie z.B. Grundschulden die Dispositionsfreiheit des Kreditnehmers ein.
- **Innenfinanzierung**: Diese Finanzierungsform ist unter dem Aspekt der Unabhängigkeit besonders geeignet. Denn über die Beträge, die auf dem Weg der Innenfinanzierung selbst erwirtschaftet wurden, kann das Unternehmen verfügen, ohne dass sich Stimmrechtsverhältnisse ändern oder Kreditgeber an Einfluss gewinnen.

Wertorientierte Ziele

- Die wertorientierten Ziele beziehen sich auf den **Unternehmenswert**.
- Da dieser Wert als Marktwert des Eigenkapitals zu verstehen ist und da das Eigenkapital von den Anteilseignern (Shareholder) zur Verfügung gestellt wird, steht der Shareholder Value im Mittelpunkt der wertorientierten Ziele.
- Das **Shareholder-Value-Konzept** fordert, dass die Unternehmensstrategien danach zu beurteilen sind, ob sie den Unternehmenswert und somit das Vermögen der Anteilseigner steigern. Zur Messung der Wertsteigerung gibt es mehrere Kennzahlen, von denen der Discounted Cashflow und der Economic Value Added die größte Bedeutung haben.
- Der **Discounted-Cashflow-Grundgedanke** ist, dass sich der Unternehmenswert aus der Abzinsung (Diskontierung) der zukünftigen Cashflows ergibt (vgl. hierzu Kapitel B.3.1.2.2). Folglich misst sich eine Wertsteigerung anhand der Erhöhung der Cashflows.
- Der **Economic Value Added** (EVA) entspricht dem Residualgewinn, der sich aus der Differenz zwischen Betriebsergebnis und Kapitalkosten errechnet. Das Betriebsergebnis ist das operative Ergebnis vor Zinsen und nach Steuern (NOPAT). Nach dem EVA-Ansatz ist nur die Strategie wertsteigernd, deren Rendite den Kapitalkostensatz übersteigt.

Wertorientierte Ziele

- Das Shareholder-Value-Konzept weist Mängel auf da die zugrunde liegenden **Kennzahlen manipulierbar** sind (z.B. durch Prognose der Cashflows und Wahl des Kapitalkostensatzes).
- **Nicht-monetäre Kriterien**, wie z.B. Image, werden **nicht berücksichtigt**.
- Die Interessen der **übrigen Anspruchsgruppen** (Gläubiger, Arbeitnehmer, Kunden, Lieferanten etc.) werden **vernachlässigt**.
- Um die Kennzahl stets konstant gut aussehen zu lassen, sind Unternehmen gezwungen, immer einen **hohen Gewinn** und **niedrige Kosten** auszuweisen. Dies kann zur Unterlassung von notwendigen langfristigen Investitionen führen.

Zusammenfassung Ziele der Invesitions- und Finanzpolitik

Ziele	**Fragestellung**
Rentabilität (Profitability)	Wie ist das Verhältnis zwischen Gewinn und eingesetztem Kapital, bzw. Umsatz? Inwieweit kann die Eigenkapitalrentabilität durch Aufnahme von zusätzlichem Fremdkapital gesteigert werden?
Liquidität (Solvency)	Ist das Unternehmen in der Lage, jederzeit seinen fälligen Zahlungsverpflichtungen nachzukommen?
Sicherheit (Security)	Wieviel Sicherheit (Rendite) gebe ich durch die Investition in risikoreiche (risikoarme) Finanzanlagen auf?
Unabhängigkeit (Independence)	Inwiefern bin ich bereit, attraktive Finanzierungsmodelle zugunsten meiner Unabhängigkeit auszuschlagen?

Gliederung

I. Investition
   1. Grundbegriffe
   2. Cash Flow
   3. **Statische Investitionsrechnung**
      a. Kostenvergleichsrechnung
      b. Gewinnvergleichsrechnung
      c. Rentabilitätsvergleichsrechnung
      d. Amortisationsvergleichsrechnung
   4. Dynamische Investitionsrechnung
   5. Unternehmensbewertung

Investitionen

- Unter Investition versteht man die **Verwendung von Kapital** (Mittelverwendung), d.h. die längerfristige (über mehrere Jahre) Bindung finanzieller Mittel, die **zuvor durch die Finanzierung beschafft wurden** (Mittelherkunft), in Vermögenswerten mit dem Ziel, das **Geschäftsergebnis zu maximieren** (Eigenkapitalrendite).
- Investitionen sind in der Bilanz im **Anlagevermögen** (Grundstücke, Maschinen, Beteiligungen, etc.) abgebildet.
- **Manche Investitionen** dürfen nach den rechtlichen Vorschriften nicht bilanziert werden, sondern sind **sofort als Aufwand zu buchen**.
- Solche **nicht bilanzierungsfähigen Aufwendungen** sind gemäß HGB z.B. Gründungs- und Eigenkapitalkosten, Kosten für die Forschung, Aus- und Weiterbildungskosten sowie Marktforschungskosten.

Investitionsarten

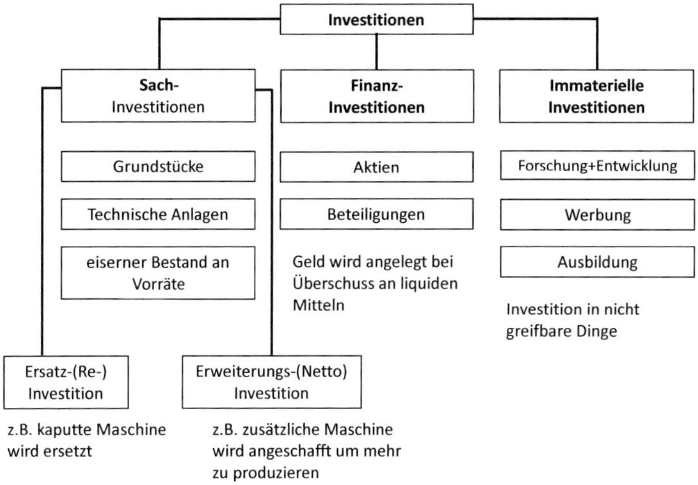

Investitionsrechnung

- Eine Investitionsrechnung dient der Bestimmung der wirtschaftlichen Vorteilhaftigkeit eines Investitionsobjekts
- Um eine Investitionsentscheidung zu treffen, muss das Unternehmen über Informationen verfügen, die geeignet sind, Investitionsmöglichkeiten in Bezug auf ihre Vorteilhaftigkeit zu analysieren und miteinander zu vergleichen.
- Dies erfolgt durch die Investitionsrechnung, die quantifizierbare Bestimmungsgrößen des Erfolgs einer Investition auf unterschiedliche Weise miteinander verknüpft und verdichtet.

Methoden der Investitionsrechnung

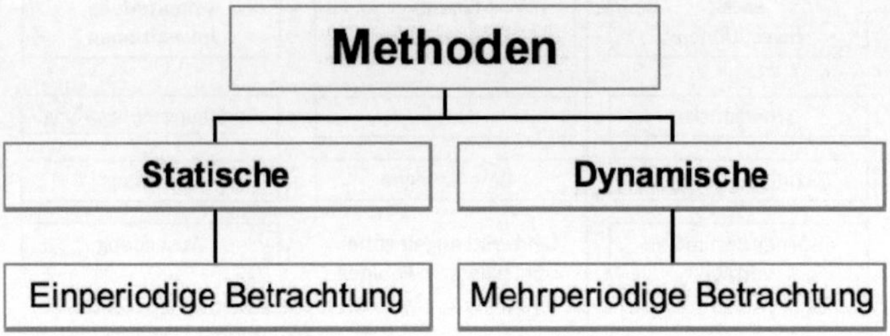

Merkmale statischer Methoden

- Charakteristisch = **ein-periodische** Betrachtungsweise
- Die Werte einer einzigen Durchschnittsperiode werden als **repräsentativ** für die gesamte Investitionsdauer angesehen
- Als repräsentativ gelten die **Werte des ersten Jahres** und/oder die für die gesamte Investitionsdauer ermittelten **Jahresdurchschnittswerte**
- Es lassen sich **vier Verfahren** der statischen Investitionsrechnung unterscheiden:
  - Kostenvergleichsrechnung
  - Gewinnvergleichsrechnung
  - Rentabilitätsvergleichsrechnung
  - Amortisationsrechnung

Kostenvergleichsrechnung

Bei der Kostenvergleichsrechnung sind folgende Kostenarten (fixe und variable) relevant:

- Kalkulatorische Abschreibungen
- Kalkulatorische Zinsen
- Personalkosten
- Materialkosten
- Raumkosten
- Wartungs- und Reparaturkosten

Kalkulatorische Abschreibungen

Unternehmen A erwirbt eine Maschine für 40.000€. Diese Maschine hat eine Nutzungsdauer von 4 Jahren. Sie soll linear abgeschrieben werden. Am Ende der Nutzungsdauer kann die Maschine für 6.000€ verkauft werden. Wie hoch ist die kalkulatorische Abschreibung pro Jahr?

Kalk. Abschr. = (40.000€ - 6.000€)/4 = 8.500€

Kalkulatorische Abschreibungen

$$\text{Lineare Abschreibung} = \frac{A_0 - L_n}{n}$$

A_0 = Anschaffungskosten bzw. Wiederbeschaffungskosten
L_n = Liquidationswert am Ende der Nutzungsdauer
n = Anzahl der Nutzungsperioden

Die kalkulatorischen Abschreibungen sollen den periodischen Verbrauch von Investitionsgütern wiedergeben.

Kalkulatorische Zinsen - Gebundenes Kapital

Bei Investitionsobjekten <u>ohne</u> planmäßige Abschreibung:

Gebundenes Kapital = A_0 (Anschaffungskosten)

Bei Investitionsobjekten <u>mit</u> planmäßiger Abschreibung:

a) <u>Ohne</u> Liquidationswert : $\varnothing$ Gebundenes Kapital = $\frac{A_0}{2}$

b) <u>Mit</u> Liquidationswert : $\varnothing$ Gebundenes Kapital = $\frac{A_0 + L_n}{2}$

Kalkulatorischer Zinssatz

- Der Kalkulationszins entspricht der Verzinsungsanforderung des Investors

- Kalkulationszins bei Finanzierung nur mit **Eigenkapital**:
  - **i_{EK} = Basiszins + Risikozuschlag**

- Kalkulationszins bei Finanzierung mit **Eigen- und Fremdkapital**:
  - **i = Unternehmenszins**

Unternehmenszins

Errechnet sich als gewichteter Kapitalkostensatz aus der Verzinsung des Eigenkapitals und des langfristigen Fremdkapitals:

$$i = i_{EK}\frac{EK}{GK} + i_{FK}(1-s)\frac{FK}{GK}$$

i = Kalkulationszins (Unternehmenszins)
i_{EK} = Geforderter Zins der Eigenkapitalgeber
i_{FK} = Effektiver Kreditzins
s = Steuersatz

Kostenvergleich

Kosten der Periode:

$$K = \frac{A_0 - L_n}{n} + i \cdot \frac{A_0 + L_n}{2} + K_{fix} + K_{var}$$

Abschreibungen + Zinsen + Sonstige Fixkosten + Variable Kosten

Kosten pro Stück:

$$K = \frac{K}{x}$$

Kalkulatorische Abschreibungen und Zinsen

Eine Investition über 40.000€ soll jeweils zur Hälfte mit Eigen- und Fremdkapital finanziert werden. Der Zins für Bundesanleihen beträgt 5,4%. Die Eigenkapitalgeber rechnen mit einem Risikozuschlag von 5 %. Der Fremdkapitalzinssatz beläuft sich auf 8 % und der Ertragsteuersatz auf 30%. Wie hoch ist der kalkulatorische Zinssatz? Die Maschine wird nach 4 Jahren zu einem Restwert von 6.000€ verkauft. Wie hoch sind die kalkulatorischen Zinsen pro Jahr?

i(EK) = 0,054 + 0,05 = 0,104

Kalk. Zinssatz = $i = i_{EK} \frac{EK}{GK} + i_{FK}(1-s)\frac{FK}{GK}$

i = 0,104*(20.000/40.000) + 0,08*(1-0,3)*(20.000/40.000) = 0,08

Kal. Zinsen = 0,08*(40.000+6.000)/2 = 1.840€

Gewinnvergleich

Wenn die zu vergleichenden Investitionsalternativen unterschiedliche Erträge bewirken, muss die Kostenvergleichsrechnung um eine Gewinnvergleichsrechnung erweitert werden.

Ermittelt wird ein Durchschnittsgewinn pro Periode:

Gewinn = (Umsatz-)Erlöse – Kosten

Gewinnvergleich

Die Anschaffung einer neuen Maschine bewirkt folgende Kosten und Erlöse.
Wie hoch ist der durchschnittliche Gewinn?

	Erlöse	**Kosten**
Jahr 1	350,000	280,000
Jahr 2	400,000	300,000
Jahr 3	450,000	340,000
Jahr 4	400,000	480,000
Durchschnitt pro Jahr	400,000	350,000

Gewinn = Erlöse - Kosten

50.000 = 400.000 - 350.000

Rentabilitätsvergleich

Die Rentabilitätsvergleichsrechnung setzt zur Ermittlung der Rentabilität einer Investition den **Jahresgewinn** ins Verhältnis zum **gebundenen Kapital**.

Das Ergebnis zeigt die **Verzinsung des gebundenen Kapitals** in Prozent.

Vorteilhaft ist die Investition, die die höchste Rentabilität aufweist.

Als Rendite kann die Nettorendite oder die Bruttorendite verwendet werden.

$$\text{Nettorendite} = \frac{\text{Gewinn}}{\text{Ø Gebundenes Kapital}}$$

$$\text{Bruttorendite} = \frac{\text{Gewinn + Kalkulatorische Zinsen}}{\text{Ø Gebundenes Kapital}}$$

Rentabilitätsvergleich

Die Anschaffungskosten einer Maschine seien 500.000 €. Die Maschine hat eine Nutzungsdauer von 5 Jahren und wird linear abgeschrieben. Der Kalkulationszinssatz sei 8%. Es fallen sonstige Kosten von 230.000 € pro Jahr an. Die jährliche Erlöse seien 400.000€. Wie hoch sind die Netto- und Bruttorendite?

Gewinn = Erlöse - Kosten

Gewinn = Erlöse - Kalk Abschr - Kalk Zinsen - K_{var} - K_{fix}

50.000€ = 400.000€ - 100.000€ - 20.000€ - 230.000€

Nettorendite = 50.000€ / 250.000€ = 0,2 = 20%

Bruttorendite = (50.000€ + 20.000€) / 250.000€ = 0,28 = 28%

Amortisationsrechnung

Die Amortisationsrechnung ermittelt den **Zeitraum**, in dem der ursprüngliche **Kapitaleinsatz** für eine Investition **aus** den künftigen **Einzahlungsüberschüssen wieder** in das Unternehmen **zurückfließt**.

In wie viel Jahren ist der Kapitaleinsatz (A_0) durch **Desinvestitionen** zurückgeflossen?

- → Jährlicher Gewinn
- → Jährliche Abschreibungen

Amortisationsdauer

$$\text{Dauer in Jahren} = \frac{A_0 - L_n}{\text{Gewinn} + \text{Abschreibungen}}$$

Diese Art der Amotisationsrechnung, die die Kapitalrückflussdauer über die durchschnittlichen Gewinne und Abschreibungen ermittelt, wird **Durchschnittsrechnung** genannt. Aufgrund der Zugrundelegung von Durchschnittswerten ist diese Methode etwas ungenauer als die **Kumulationsrechnung**, die die Gewinne und Abschreibungsbeträge des jeweiligen Jahres zugrunde legt.

Amortisationsrechnung

	Investition A	Investition B
Anschaffungskosten in €	100,000	140,000
Nutzungsdauer in Jahren	8	10
Kalkulatorische Abschreibung in € pro Jahr	12,500	14,000
Durchschnittlicher Gewinn in € pro Jahr	7,500	21,000

Wie hoch ist die Amortisationsdauer jeweils für Investition A und Investition B nach der **Durchschnittsmethode**?

AD(A) = 100.000€ / (7.500€ + 12.500€) = **5 Jahre**

AD(B) = 140.000€ / (21.000€ + 14.000€) = **4 Jahre**

Amortisationsrechnung

Im Rahmen der **Kumulationsrechnung** werden die Rückflüsse pro Jahr solange addiert, bis sie die Höhe des Kapitaleinsatzes erreicht haben.

Beispiel: AK = 100.000€, n = 8 (linear), Gewinne pro Jahr in Tabelle gegeben (durchschnittlicher Gewinn 7.500€/a)

Jahr	Gewinn	Abschreibung	Rückfluss	kumulierter Rückfluss
1	€4,000	€12,500	€16,500	€16,500
2	€5,000	€12,500	€17,500	€34,000
3	€6,500	€12,500	€19,000	€53,000
4	€8,500	€12,500	€21,000	€74,000
5	€8,500	€12,500	€21,000	€95,000
6	€9,500	€12,500	€22,000	€117,000
7	€9,500	€12,500	€22,000	€139,000
8	€8,500	€12,500	€21,000	€160,000
Durchschnitt	€7,500	€12,500	€20,000	

Die Investition amortisiert sich nach der Kumulationsmethode **im 6. Jahr** der Nutzung.

Aussagekraft statischer Methoden

Einem Unternehmen stehen 2 Investitionsobjekte zur Auswahl. Die Nutzungsdauer beträgt jeweils 4 Jahre. Die geschätzten jährlichen Überschüsse (z.B. Gewinne in €) sehen folgendermaßen aus:

	Investition A	Investition B
1. Jahr	€200,000	€600,000
2. Jahr	€200,000	€200,000
3. Jahr	€300,000	€100,000
4. Jahr	€300,000	€100,000
Durchschnitt	€250,000	€250,000

Aussagekraft statischer Methoden

	Investition A	Investition B
1. Jahr	€200,000	€600,000
2. Jahr	€200,000	€200,000
3. Jahr	€300,000	€100,000
4. Jahr	€300,000	€100,000
Durchschnitt	€250,000	€250,000

Da beide Investitionsobjekte einen durchschnittlichen jährlichen Überschuss von 250.000 € erzielen, kommt die statische Betrachtungsweise zum Ergebnis, dass die Investitionsobjekte gleich gut seien.

Das Investitionsobjekt B ist jedoch vorteilhaft,da es im 1. Jahr einen um 400.000€ höheren Überschuss erwirtschaftet, den das Unternehmen sofort wieder anlegen und damit zusätzliche Überschüsse erzielen könnte.

Fazit statische Methoden

- **Vorteile**: Nur wenige Werte brauchen berücksichtigt zu werden; geringer Zeitaufwand; **einfache** Rechentechnik

- **Nachteile**: Betrachtet wird nur eine Durchschnittsperiode, deshalb:
  - Wenn Daten des ersten Jahres als repräsentativ unterstellt werden, ist dies **unrealistisch**
  - Auch wenn Jahresdurchschnitte für die gesamte Nutzungsdauer herangezogen werden, ist dies nicht aussagefähig, weil der **unterschiedliche zeitliche Anfall der Zahlungsströme nicht berücksichtigt** wird

Fazit statische Methoden

- Statische Methoden sind **einfache Hilfsverfahren**, die den unterschiedlichen zeitlichen Anfall der Zahlungsströme nicht berücksichtigen können.

- Aufgrund ihrer sehr begrenzten Aussagekraft sind sie nur einsetzbar, wenn:
  - der **Investitionswert** relativ **gering** ist
  - eine **schnelle**, vorläufige **Schätzung** nötig ist
  - die **Daten** so **unsicher** sind, dass die Verwendung exakterer Verfahren nicht sinnvoll wäre
  - **qualitative Kriterien ausschlaggebend** sind und die Investitionsrechnung nur zur Abrundung erstellt wird

Gliederung

I. Investition
   1. Grundbegriffe
   2. Cash Flow
   3. Statische Investitionsrechnung
   4. **Dynamische Investitionsrechnung**
      a. Kapitalwertmethode
      b. Interner Zinssatz
      c. Annuitätenmethode
      d. Entscheidung bei Unsicherheit
   5. Unternehmensbewertung

Merkmale dynamischer Methoden

- Gegenstand sind **Ein- und Auszahlungsströme**, die dem betreffenden Investitionsobjekt zurechenbar sind und **für jede Periode bis zum Ende** des Planungshorizontes ermittelt werden.

- Da die Ein- und Auszahlungsströme nach Höhe und/oder zeitlichem Anfall unterschiedlich sind, wird die **Vergleichbarkeit** dadurch hergestellt, dass die Zahlungsströme
  - auf den Zeitpunkt unmittelbar vor Investitionsbeginn (Zeitpunkt null) **abgezinst** (Barwertverfahren) bzw.
  - auf den Zeitpunkt am Ende der Investitionsdauer **aufgezinst** (Endwertverfahren) werden.

Der Zins und Zinseszinseffekt

„Der Zinseszins ist die grösste Erfindung des menschlichen Denkens.“

Albert Einstein

Der Zins

- Das Wort “Zins” kommt vom lateinischen Wort “census” und bedeutet “Vermögensschätzung”.
- Als Zins wird das **Entgelt** bezeichnet, das der Schuldner dem Gläubiger **für** das **verliehene Kapital** bezahlt.
- Der Zinssatz wird üblicherweise in **Prozent pro Periode** (z.B. pro Jahr) angegeben.
- Die Höhe von Zinsen richtet sich nach Angebot und Nachfrage – einige gesetzlich bestimmte Zinsen kann der Gesetzgeber festlegen. Derzeit befinden wir uns in einer sog. Niedrigzinsphase.
- Wenn **Zinsen steigen**, deutet das darauf hin, dass die **Kreditnachfrage steigt** oder sich die Forderungen der Geldgeber erhöhen. Wenn Zinsen steigen, dann ist **Geld knapp** – also **wird** es **teurer**. **Sinken** die **Zinsen**, werden **nicht genügend** Kredite (also **Geld**) **nachgefragt** – die Wirtschaft gerät ins Stottern.
- Zinskreislauf: der Sparer legt sein Geld auf das Giro- oder Tagesgeldkonto bei seiner Bank und erhält dafür einmal im Jahr – oder gar monatlich – Zinsen ausbezahlt. Das einbezahlte Geld wird von der Bank weiterverliehen, z.B. an Unternehmer in der Wirtschaft. Die Zinsen, die an die Sparer ausbezahlt werden, werden von den Kreditnehmern der Bank eingezogen.

Der Zeitwert des Geldes

"A dollar today is worth more than a dollar tomorrow."

Der Zeitwert des Geldes

Beispiel: Wir legen 100€ (C_0) heute (t_0) zu einem Zinssatz (i) von 10% pro Jahr an.

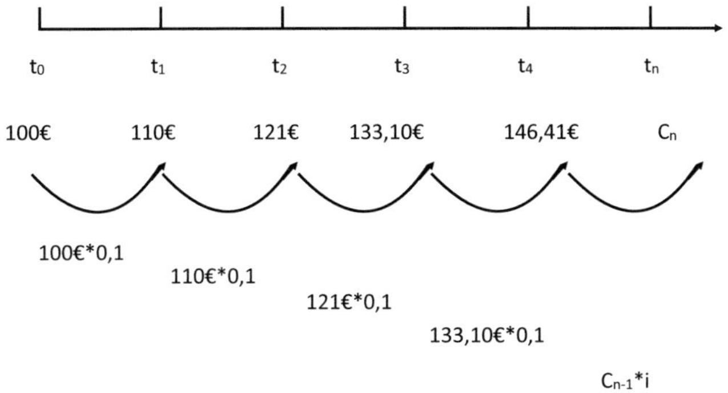

Der Zeitwert des Geldes

Beispiel: Wir legen 100€ (C_0) heute (t_0) zu einem Zinssatz (i) von 10% pro Jahr an.

t	C_n	i	$C_n * i$	$C_n + C_n * i$
0	€100.00	0.1	€10.00	€110.00
1	€110.00	0.1	€11.00	€121.00
2	€121.00	0.1	€12.10	€133.10
3	€133.10	0.1	€13.31	€146.41
4	€146.41	0.1	€14.64	€161.05
n	C_t	i	$C_t * i$	$C_t + C_t * i$

Der Zeitwert des Geldes

Beispiel: Wir legen 100€ (C_0) heute (t_0) zu einem Zinssatz (i) von 10% pro Jahr an.

$t_0 = C_0$
$t_1 = C_0 + C_0*i = C_0*(1+i)$
$t_2 = C_0 + C_0*i + (C_0+C_0*i)*i = C_0*(1+i) + C_0(1+i)*i = C_0*(1+i)*(1+i) = C_0*(1+i)^2$
$t_3 = C_0*(1+i)^3$
$t_4 = C_0*(1+i)^4$
$t_n = C_0*(1+i)^n$

100€ angelegt zu einem Zinssatz von 10% p.a. haben nach t Jahren jeweils folgenden Wert:
$t_1 = C_0*(1+i) = 100€*(1+0,1) = 100€*1,1 = 110€$
$t_2 = C_0*(1+i)^2 = 100€*(1+0,1)^2 = 100€*1,1^2 = 121€$
$t_3 = C_0*(1+i)^3 = 100€*(1+0,1)^3 = 100€*1,1^3 = 133,10€$
$t_4 = C_0*(1+i)^4 = 100€*(1+0,1)^4 = 100€*1,1^4 = 146,41€$
$t_n = C_0*(1+i)^n = 100€*(1+0,1)^n = 100€*1,1^n$

Auflösen nach dem Kapitalwert

Beispiel: Wie viel sind 672,75€ in 20 Jahren angelegt zu einem Zinssatz von 10% p.a. heute wert?

$C_0*(1+i)^n = C_n$
$C_0*(1+0,1)^{20} = 672,75€$
$C_0*(1,1)^{20} = 672,75€$
$C_0 = 672,75€/(1,1)^{20}$
$C_0 = 100€$

$C_0*(1+i)^n = C_n$
$C_0*(1+i)^n = C_n$
$\mathbf{C_0 = C_n / (1+i)^n}$

Auflösen nach dem Zinssatz

Beispiel: Zu welchem Zinnsatz muss man 100€ anlegen, damit man in 50 Jahren einen Kapitalendwert von 11.739,09€ besitzt?

$C_0*(1+i)^n = C_n$
$100€*(1+i)^{50} = 11.739,09€$
$(1+i)^{50} = 11.739,09€/100€$
$1+i = \sqrt[50]{(11.739,09€/100€)}$
$i = \sqrt[50]{(11.739,09€/100€)} - 1$
$i = 1,10 - 1$
$i = 0,1$

$C_0*(1+i)^n = C_n$
$(1+i)^n = C_n / C_0$
$(1+i) = \sqrt[n]{(C_n / C_0)}$
$\mathbf{i = \sqrt[n]{(C_n / C_0)} - 1}$

Auflösen nach der Zeit

Beispiel: Nach wie vielen Jahren sind 100€ angelegt zu 10% p.a. 214,35€ wert?

$C_0*(1+i)^n = C_n$
$100€*(1,1)^n = 214,35€$
$(1,1)^n = 214,35€/100€$
$\log (1,1)^n = \log(214,35€/100€)$
$n*\log(1,1) = \log(214,35€/100€)$
$n = \log(214,35€/100€) / \log(1,1)$
$n = \log 2,1435 / \log 1,1$
$n = 0.3311 / 0.0414$
$n = 8$

$C_0*(1+i)^n = C_n$
$(1+i)^n = C_n / C_0$
$\log (1+i)^n = \log (C_n / C_0)$
$n* \log (1+i) = \log (C_n / C_0)$
$\mathbf{n = \log (C_n / C_0) / \log (1+i)}$

Grundbegriffe dynamischer Methoden

- **Zeitwert**: Der (bekannte) Wert, den eine Zahlung im Zeitpunkt ihres Anfallens hat.
- **Barwert**: Der (gesuchte) Wert, der sich durch Abzinsung des Zeitwertes ergibt.
- **Endwert**: Der (gesuchte) Wert, der sich durch Aufzinsung des Zeitwertes ergibt.
- **Abzinsung (Diskontierung)**: Wie viel ist eine Zahlung, die zu einem späteren Zeitpunkt erfolgt, zum Zeitpunkt null wert?
- **Aufzinsung**: Wie viel ist eine Zahlung, die zu einem früheren Zeitpunkt erfolgt, am Ende der Investition wert?

Barwert einer einmaligen Zahlung

Barwert einer einmaligen, zukünftigen Zahlung:

Barwert = Zeitwert der Zahlung · Abzinsungsfaktor

$$\text{Barwert} = ZW \cdot \frac{1}{q^n} = ZW \cdot \frac{1}{(1+i)^n} \qquad i = \text{Zinssatz}$$

Barwert einer einmaligen Zahlung

Ein Anleger hat das Ziel, aus einer einmaligen Kapitalanlage in 10 Jahren eine Zahlung von 100.000 € zu erhalten. Welchen Betrag muss er heute investieren (Barwert), wenn dieser Betrag mit 7 % p.a. verzinst wird?

$$\text{Barwert} = 100.000€ \cdot \frac{1}{(1{,}07)^{10}} = 50.834{,}93\ €$$

Barwert mehrerer gleichhoher Zahlungen

Barwert (Wert von heute) mehrerer gleichhohen, zukünftigen Zahlung (Rente):

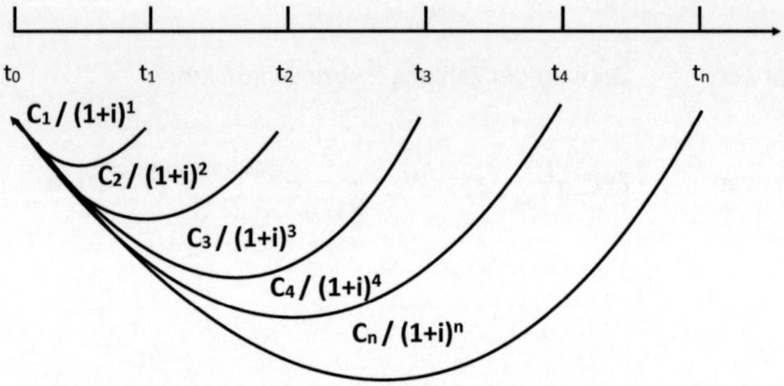

$$C_0 = C_1 / (1+i)^1 + C_2 / (1+i)^2 + C_3 / (1+i)^3 + C_4 / (1+i)^4 + ... + C_n / (1+i)^n$$
$$C_0 = R / (1+i)^1 + R / (1+i)^2 + R / (1+i)^3 + R / (1+i)^4 + ... + R / (1+i)^n$$
$$C_0 = R * ((1+i)^n - 1) / i*(1+i)^n$$

Barwert mehrerer gleichhoher Zahlungen

Barwert (Wert von heute) mehrerer gleichhohen, zukünftigen Zahlung (Rente):

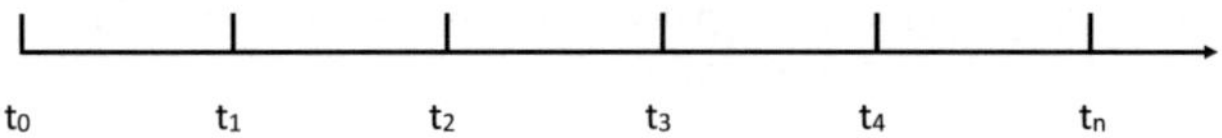

t	R	i	q	q^n	C_n
1	€100.00	0.1	1.1	1.1	€90.91
2	€100.00	0.1	1.1	1.21	€82.64
3	€100.00	0.1	1.1	1.331	€75.13
4	€100.00	0.1	1.1	1.4641	€68.30
				$C_0 = C_n/q_n =$	**€316.99**

Barwert mehrerer gleichhoher Zahlungen

Barwert mehrerer gleichhohen, zukünftigen Zahlung:

Barwert = Zeitwert der Zahlung · Abzinsungsfaktor (Diskontierungssummenfaktor, Rentenbarwertfaktor)

$$\text{Barwert} = ZW \cdot \frac{q^n - 1}{q^n(q - 1)} = ZW \cdot \frac{(1+i)^n - 1}{i \cdot (1+i)^n}$$

Barwert mehrerer gleichhoher Zahlungen

Ein Unternehmen vermietet eine nicht benötigte Lagerhalle für 5 Jahre. Die jährlichen Mietzahlungen belaufen sich auf jeweils 25.000€. Wie hoch ist der Barwert dieser zukünftigen Mietzahlungen, wenn das Unternehmen mit einem Zinssatz von 6 % kalkuliert?

$$\text{Barwert} = 25.000€ \cdot \frac{(1,06)^5 - 1}{0,06 \cdot (1,06)^5} = 105.309,10€$$

Beurteilung der Barwertverfahren

- **Vorteile**:
  - Betragsmäßig differenzierte Erfassung der Zahlungsströme
  - Zeitlich differenzierte Erfassung der Zahlungsströme; dadurch wird dem Sachverhalt Rechnung getragen, dass der unterschiedliche **zeitliche Anfall** der Zahlungsströme ihren **Wert beeinflusst** („Ein Betrag heute ist mehr wert als derselbe Betrag in zehn Jahren") = Zeitpräferenz

- **Nachteile**:
  - Problem der **Zurechenbarkeit** der Zahlungsströme zu den einzelnen Investitionsobjekten
  - **Prognoseproblematik** bei langfristigem Planungshorizont
  - Annahme eines vollkommenen Kapitalmarktes, z.B. **identischer Soll- und Habenzins**
  - Annahme von **Differenzinvestitionen**

Endwertverfahren

Merkmal: Die Ein- und Auszahlungsströme werden **auf** den **Zeitpunkt am Ende der Investition aufgezinst**

Vorteil: **Soll- und Habenzins müssen nicht mehr identisch sein**

- Vermögensendwertmethode
  - Kontenausgleichsverbot
  - Kontenausgleichsgebot

- Vollständiger Finanzplan

- Sollzinssatzmethode

Endwert

Endwert einer einmaligen Zahlung:

Endwert = Zeitwert der Zahlung · Aufzinsungsfaktor

Endwert = $ZW \cdot q^{n} = ZW \cdot (1+i)^{n}$

Endwert einmalige Zahlung

Ein Anleger zahlt heute 10.000 € für eine 3-jährige Kapitalanlage, die jedes Jahr mit 5 % verzinst wird. Welchen Betrag erhält er nach 3 Jahren zurück?

Endwert: 10.000€ x $1{,}05^3$ = 11.576,25€

Der Anleger erhält 11.576,25€.

Die Differenz in Höhe von 1.576,25 € stellt seinen Ertrag aus Zins und Zinseszins dar.

Endwert mehrerer gleichhoher Zahlungen

Endwert (Wert am Ende einer Zahlungsreihe) mehrerer gleichhohen, zukünftigen Zahlung (Rente):

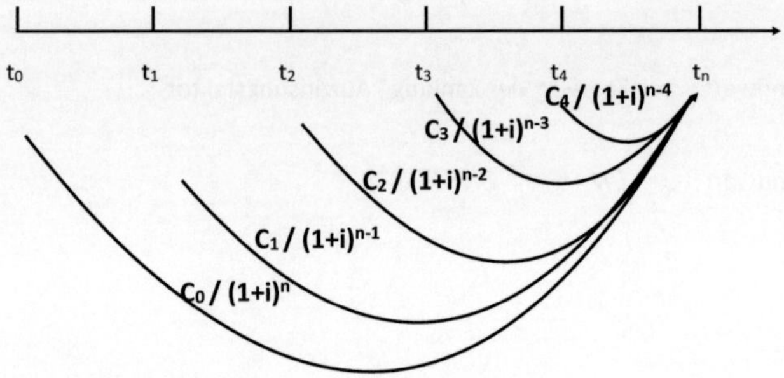

$$C_n = C_0 / (1+i)^n + C_1 / (1+i)^{n-1} + C_2 / (1+i)^{n-2} + C_3 / (1+i)^{n-3} + ... + C_n / (1+i)^{n-t}$$

$$C_n = R / (1+i)^n + R / (1+i)^{n-1} + R / (1+i)^{n-2} + R / (1+i)^{n-3} + ... + R / (1+i)^{n-t}$$

$$C_n = R * ((1+i)^n - 1) / i$$

Endwert mehrerer gleichhoher Zahlungen

Endwert (Wert am Ende einer Zahlungsreihe) mehrerer gleichhohen, zukünftigen Zahlung (Rente):

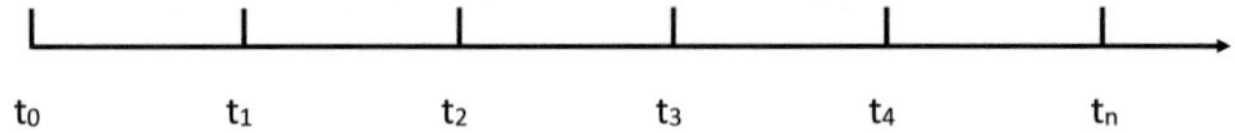

t	R	i	q	q^{n-t}	C_t
1	€100.00	0.1	1.1	1.331	€133.10
2	€100.00	0.1	1.1	1.21	€121.00
3	€100.00	0.1	1.1	1.1	€110.00
4	€100.00	0.1	1.1	1	€100.00
				$C_n = \sum C_t =$	**€464.10**

Endwert mehrerer gleichhoher Zahlungen

Endwert mehrere gleichhoher Zahlung:

Endwert = Zeitwert der Zahlung · Rentenendwertfaktor

$$\text{Endwert} = ZW \cdot \frac{q^n - 1}{q - 1} = \frac{(1+i)^n - 1}{i}$$

Endwert mehrerer gleichhoher Zahlungen

Ein Sparer zahlt über 5 Jahre am Ende eine jeden Jahres 2.000 € auf sein Sparbuch ein, das mit 2,5 % p.a. verzinst wird. Welchen Betrag weist das Sparbuch nach 5 Jahren auf?

$$\text{Endwert} = 2.000€ \cdot \frac{(1+0{,}025)^5 - 1}{0{,}025} = 2.000€ \cdot 5{,}25633 = 10.512{,}66€$$

Kapitalwertmethode

- Die Vergleichbarkeit der unterschiedlichen Zahlungsströme wird dadurch hergestellt, dass sie auf ihren Barwert abgezinst werden
- Die Differenz zwischen der Summe der Barwerte aller Einzahlungsüberschüsse und der Anschaffungsauszahlung = Kapitalwert einer Investition
- Der **Kapitalwert** gibt den **Totalerfolg einer Investition** wieder
- Die Abzinsung erfolgt mit einem Kalkulationszinssatz (Kapitalisierungs-, Diskontierungszinssatz), der der **Mindestverzinsung des gebundenen Kapitals** entspricht
- Ein Kapitalwert von null bedeutet, dass die Investition genau die Mindestverzinsung erzielt; die Zahlungsüberschüsse reichen somit aus, die Anschaffungsauszahlung wiederzugewinnen und das investierte Kapital mit dem Kalkulationszinssatz zu verzinsen
- Eine Investition ist vorteilhaft, wenn ihr **Kapitalwert positiv oder gleich null ist**; bei mehreren Alternativen ist diejenige mit dem höchsten positiven Kapitalwert vorzuziehen
- Gesucht ist also der Kapitalwert bei einem vorgegebenen Kalkulationszinssatz

Zahlungsströme

- Einzahlungen
  - bei Sachinvestitionen: z.B. Umsatzerlöse, Mieteinnahmen
  - bei Finanzinvestitionen: z.B. Zinserträge, erhaltene Tilgungen
- Auszahlungen
  - bei Sachinvestitionen: z.B. Anschaffungskosten, Material- und Personalkosten
  - bei Finanzinvestitionen: z.B. Anschaffungskosten, Personalkosten
- Nicht zu den Auszahlungsströmen gehören
  - Zinskosten, weil schon im Kalkulationszins berücksichtigt
  - Abschreibungen, weil schon in den Anschaffungskosten enthalten

Kapitalwertformel

$$K_0 = -A_0 + \sum_{t=1}^{n} \frac{EZÜ_t}{(1+i)^t} + \frac{L_n}{(1+i)^n}$$

K_0	=	Kapitalwert im Zeitpunkt 0 (null)
A_0	=	Anschaffungsauszahlung
n	=	Nutzungsdauer
$EZÜ_t$	=	Einzahlungsüberschuss am Ende der Periode t
i	=	Kalkulationszinssatz (auch: Diskontierungs- oder Kapitalisierungssatz)
L_n	=	Liquidationswert am Ende der Nutzungsdauer

Kapitalwertmethode

Die Automobil AG plant eine Produktionsanlage zu erwerben. Die Investition verursacht Anschaffungskosten in Höhe von 3.500.000 €. Die voraussichtliche Nutzungsdauer der Anlage beträgt 4 Jahre. Während dieser 4 Jahre werden die folgenden Einzahlungsüberschüsse erwartet: nach dem 1. Jahr 700.000 €, nach dem 2. Jahr 1.200.000 €, nach dem 3. Jahr 1.400.000 und nach dem 4. Jahr 1.400.000 €. Der Diskontierungszinssatz beträgt 10 %. Ein Liquidationserlös am Ende der Nutzungsdauer wird nicht erwartet. Wie hoch ist der Kapitalwert, den die Produktionsanlage erzielt.

t	0	1	2	3	4
	-3.500.000€	700.000€	1.200.000€	1.400.000€	1.400.000€

K_0 = -3.500.000€ + 700.000€/1,1 + 1.200.000€/1,1^2 + 1.400.000€/1,1^3 + 1.400.000/1,1^4

K_0 = 136.160€

Methode des internen Zinssatzes

- Die Methode ermittelt die **Rendite** einer Investition.
- Eine Investition ist vorteilhaft, wenn ihr **interner Zinssatz** **<u>mindestens</u>** **so hoch wie die geforderte Verzinsung** ist.
- Bei mehreren Investitionsmöglichkeiten ist diejenige mit dem **<u>höchsten</u>** **internen Zinssatz** vorzuziehen.
- Diese Methode kann als <u>Umkehrung</u> der Kapitalwertmethode betrachtet werden: Gesucht ist der Zinssatz, der zu einem vorgegebenen <u>Kapitalwert</u> von <u>null</u> führt.

Interner Zinssatz bei nur zwei Zahlungsströmen

$$r = \sqrt[n]{\frac{EZÜ_n}{A_0}} - 1$$

r	= Interner Zinssatz
$EZÜ_n$	= Zahlungsüberschuss am Ende der Investition
A_0	= (negative) Anfangszahlung

Formel interner Zinssatz

$$0 = -A_0 + \sum_{t=1}^{n} \frac{EZÜ_t}{(1+r)^t} + \frac{L_n}{(1+r)^n}$$

A_0	=	Anschaffungsauszahlung
r	=	Interner Zinssatz
n	=	Nutzungsdauer
$EZÜ_t$	=	Einzahlungsüberschuss
L_n	=	Liquidationswert

Näherungsformel interner Zinssatz

$$r = p_1 - K_{01} \frac{p_2 - p_1}{K_{02} - K_{01}}$$

r	=	Interner Zinssatz
p	=	Versuchszinssatz 1 bzw. 2
K_0	=	Kapitalwert bei p_1 bzw. p_2

1. Schritt: Bestimmung eines Versuchszinssatzes p_1, wo $K_1 > 0$ ist
2. Schritt: Bestimmung eines Versuchszinssatzes p_2, wo $K_2 < 0$ ist
3. Schritt: Lineare Interpolation

Um einen möglichst genauen Wert zu erhalten, empfehlen sich **zwei** Iterationsschritte!

Näherungsformel interner Zinssatz

<u>Beispiel:</u> Ein Anleger zahlt in eine Lebensversicherung einmalig 50.000 € ein. Dafür erwartet er in 20 Jahren eine Zahlung von 150.000 €. Wie hoch ist seine Rendite?

			0	20
p =	0.05	Zahlung	-€50,000	€150,000
n =	20	Abzinsungsfaktor	$1/1{,}05^{0}$	$1/1{,}05^{20}$
		Barwertfaktor	1	0.3769
		Barwert	-€50,000.00	€56,533.42
		Kapitalwert	€6,533.42	

			0	20
p =	0.06	Zahlung	-€50,000	€150,000
n =	20	Abzinsungsfaktor	$1/1{,}06^{0}$	$1/1{,}06^{20}$
		Barwertfaktor	1	0.3118
		Barwert	-€50,000.00	€46,770.71
		Kapitalwert	-€3,229.29	

Näherungsformel interner Zinssatz

$$r = p_1 - K_{01} \frac{p_2 - p_1}{K_{02} - K_{01}}$$

$$r = 0{,}05 - 6.533{,}42€ \frac{0{,}06 - 0{,}05}{-3.229{,}29€ - 6.533{,}42€}$$

r = 0,056 = **5,6%**

Grafische Lösung interner Zinssatz

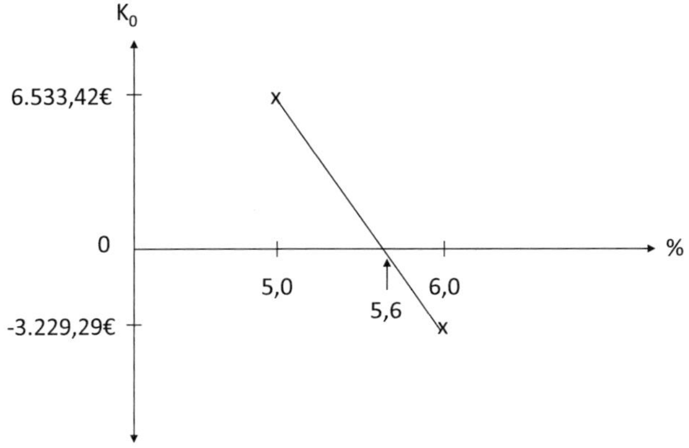

Interner Zinssatz bei nur zwei Zahlungsströmen

<u>Alternative Berechnung:</u>

Beispiel: Ein Anleger zahlt in eine Lebensversicherung einmalig 50.000 € ein. Dafür erwartet er in 20 Jahren eine Zahlung von 150.000 €. Wie hoch ist seine Rendite?

$$r = \sqrt[n]{\frac{EZÜ_n}{A_0}} - 1$$

r = 20√(150.000€/50.000€) - 1 = 1,0564 - 1 = 0,0564

Methode des internen Zinssatzes

Ein Anleger zahlt heute 50.000 € in eine Lebensversicherung ein, wofür er nach 10 Jahren 80.000 € erhalten soll. Wie hoch ist die Rentabilität seiner Investition?

$$r = \sqrt[10]{\frac{80000}{50000}} - 1 = 0{,}0481$$

Probe: Endwert = 50.000 1,0481^10 = 80.000

Annuität

Die Annuität ist eine uniforme, äquidistante und äquivalente Reihe.

- Uniform: Ein rechnerisch gleich hoher Überschuss für jedes Jahr
- Äquidistant: Der zeitliche Abstand zwischen den Überschüssen ist immer gleich (1 Jahr)
- Äquivalent: Der Kapitalwert der Annuitäten ist gleich dem gegebenen Kapitalwert

Annuitätenmethode

- Die Methode ermittelt den **jährlich gleich hohen Überschuss**, der dem Investor neben den Zinsen und der Kapitalwiedergewinnung zur Verfügung steht.
- Eine Investition ist vorteilhaft, wenn die Annuität größer oder gleich null ist.
- Bei mehreren Investitionsalternativen ist diejenige mit der höchsten Annuität vorzuziehen.
- Diese Methode ist eine Variante der Kapitalwertmethode: Während die Kapitalwertmethode den Totalerfolg einer Investition ermittelt, stellt die Annuitätenmethode den **Periodenerfolg** dar.

Formel Annuitätenmethode

Annuität = Kapitalwert x Wiedergewinnungsfaktor

$$a = K_0 \quad \frac{q^n \times (q - 1)}{q^n - 1}$$

$$q = 1 + i$$

1. Schritt: Bestimmung des Kapitalwertes
2. Schritt: Bestimmung Wiedergewinnungsfaktor

Annuität

Der Kapitalwert einer Investition beträgt 136.160€. Es sei ein Diskontierungszins von 10 % und eine Nutzungsdauer von 4 Jahren zugrunde gelegt. Wie hoch ist die Annuität dieser Investition?

$$a = 136.160€ \times \frac{1{,}1^4 \times 0{,}1}{1{,}1^4 - 1}$$

$$a = 42.958€$$

Hauptunterschiede der Barwertverfahren

- **Kapitalwertmethode**:
  - Ermittelt, welchen Überschuss die Investition insgesamt erwirtschaftet, und zwar berechnet auf den Zeitpunkt unmittelbar vor Investitionsbeginn
  - sie gibt Auskunft über Totalerfolg der Investition (in € p.a.)
- **Methode des internen Zinssatzes**:
  - Ermittelt die Rentabilität der Investition (in % p.a.)
- **Annuitätenmethode**:
  - Ermittelt den rechnerisch gleich hohen Zahlungsüberschuss
  - Sie gibt Auskunft über rechnerischen Periodenerfolg der Investition (in € p.a.)
- **u. U. unterschiedliche Rangfolgen bei Kapitalwert-/Annuitätenmethode und Methode des internen Zinssatzes**
  - unterschiedliche Kapitalbindung/Anschaffungsauszahlung und Nutzungsdauer/Lebensdauer der Investitionsobjekte

Ersatzinvestition

- Fragestellung = Wann ist es ökonomisch sinnvoll, ein altes Investitionsobjekt durch ein neues zu ersetzen (optimaler Ersatzzeitpunkt)?
- Kriterium ist der Kapitalwert (K_0)
- Entscheidungsregel: Der Ersatzzeitpunkt ist in der Periode optimal, in der K_0 sein Maximum erreicht

Zur Erinnerung:

$$K_0 = -A_0 + \sum_{t=1}^{n} \frac{EZÜ_t}{(1+i)^t} + \frac{L_n}{(1+i)^n}$$

K_0 = Kapitalwert
A_0 = Anschaffungsauszahlung
n = Nutzungsdauer
$EZÜ_t$ = Einzahlungsüberschuss am Ende der Periode t
i = Kalkulationszinssatz
L_n = Liquidationswert am Ende der Nutzungsdauer

Optimaler Ersatzzeitpunkt

Beispielsweise verursacht der Erwerb einer Produktionsanlage Anschaffungskosten in Höhe von 3.000.000 €. Die voraussichtliche Nutzungsdauer der Anlage beträgt 4 Jahre. Während dieser 4 Jahre werden die folgenden Zahlungsüberschüsse erwartet: nach dem 1. Jahr 700.000€, nach dem 2. Jahr 1.200.000€, nach dem 3. Jahr 1.400.000€ und nach dem 4. Jahr 900.000€ . Der Diskontierungszinssatz beträgt 10%.

Die am Ende des jeweiligen Jahres zu erwartenden Liquidationserlöse lauten nach dem 1. Jahr 2.000.000€, nach dem 2. Jahr 1.600.000€, nach dem 3. Jahr 1.000.000€ und nach dem 4. Jahr 0€.

Wann ist der optimale Ersatzzeitpunkt für diese Investition?

	Zahlungsüberschüsse	**Liquidationserlöse**
1. Jahr	€700,000	€2,000,000
2. Jahr	€1,200,000	€1,600,000
3. Jahr	€1,400,000	€1,000,000
4. Jahr	€900,000	€0

Optimaler Ersatzzeitpunkt

	Zahlungsüberschüsse	Liquidationserlöse
1. Jahr	€700,000	€2,000,000
2. Jahr	€1,200,000	€1,600,000
3. Jahr	€1,400,000	€1,000,000
4. Jahr	€900,000	€0

K_1 = -3.000.000 + 700.000€/1,1 + 2.000.000€/$1,1^1$ = -545.455€
K_2 = -3.000.000 + 700.000€/1,1 + 1.200.000€/$1,1^2$ + 1.600.000€/$1,1^2$ = -49.587€
K_3 = -3.000.000 + 700.000€/1,1 + 1.200.000€/$1,1^2$ + 1.400.000€/$1,1^3$ + 1.000.000/$1,1^3$ = 431.255€
K_4 = -3.000.000 + 700.000€/1,1 + 1.200.000€/$1,1^2$ + 1.400.000€/$1,1^3$ + 900.000/$1,1^4$ = 294.652€

Der optimale Ersatzzeitpunkt ist in dem Jahr, in dem der Kapitalwert sein Maximum erreicht, also n=3.

Gliederung

I. Investition
   1. Grundbegriffe
   2. Cash Flow
   3. Statische Investitionsrechnung
   4. Dynamische Investitionsrechnung
   5. **Unternehmensbewertung**
      a. Liquidationswert
      b. Substanzwert
      c. Multiplikator
      d. Kurs-Gewinn-Verhältnis
      e. Zukunftswert: Ertragswert (u.a. CAPM/WACC)

Unternehmensbewertung

- Investitionsrechnungen zur Beurteilung von Finanzinvestitionen haben gegebene und potenzielle **Finanzanlagen** als Gegenstand der Betrachtung. Hierzu zählen vor allem **Beteiligungen an Unternehmen** und **Schuldverschreibungen**.
- Hauptzweck der **Unternehmensbewertung** ist es, den Wert eines Unternehmens aufgrund der künftig zu erwartenden finanziellen Überschüsse zu ermitteln.
- Die Verfahren der Unternehmensbewertung können lediglich **Anhaltspunkte** für die Preisverhandlungen liefern, z. B. als Preisobergrenze für den Käufer und als Preisuntergrenze für den Verkäufer.

Unternehmensbewertung

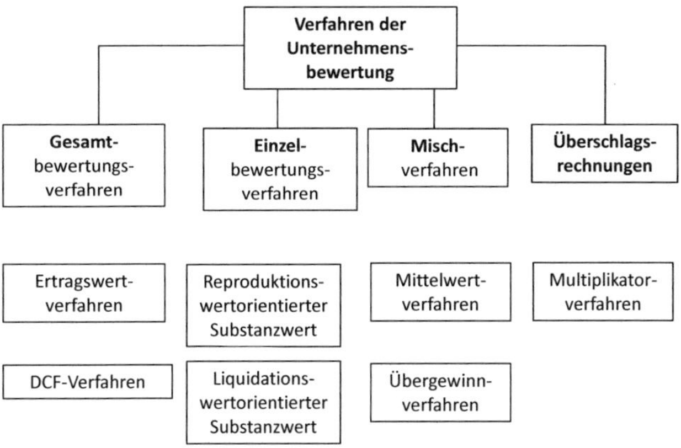

Abbildung: Bieg/Kußmaul, Investition, Abbildung 59

Unternehmensbewertung

Die häufigsten Anlässe der Unternehmensbewertung:

1. Unternehmenskauf/-verkauf als Ganzes
2. Übertragung von Unternehmensteilen
3. Aufnahme/Ausscheiden von Gesellschaftern
4. Management Buyout
5. Zuführung von EK bzw. FK
6. Rating durch Ratingagenturen
7. Börsenkursentwicklungen
8. Erbauseinandersetzungen
9. Scheidungen

Zweck der Unternehmensbewertung

- Abweichungen zwischen **objektiver** und subjektiver **Bewertung** zu reduzieren

- Die Verfahren der Unternehmensbewertung können lediglich **Anhaltspunkte für Preisverhandlungen** liefern, z.B. als
  - Preisobergrenze für den Käufer und
  - Preisuntergrenze für den Verkäufer

- Hauptfunktionen:
  - Beratungsfunktion → Entscheidungswert
  - Argumentationsfunktion → Argumentationswert
  - Vermittlungsfunktion → Schiedswert

- Nebenfunktionen:
  - Steuerbemessungsfunktion → Steuerbemessungsgrundlage
  - Bilanzfunktion → Bilanzwert

Hauptprobleme der Unternehmensbewertung

- Der Wert eines Unternehmens entspricht nicht seinem letztendlich erzielten Preis

- Der Wert eines Unternehmens ist mehr als die Summe seiner Einzelteile = Synergie

- Der Wert hängt insbesondere von den **zukünftigen Überschüssen** ab; diese jedoch sind mit **großer Unsicherheit** behaftet und stark von nicht beeinflussbaren Änderungen des Umfelds abhängig

Liquidationswert

- Der Liquidationswert entspricht der **Summe der Erlöse aus dem Verkauf der Aktiva abzüglich der Verbindlichkeiten, Rückstellungen und Liquidationskosten**

- Der Liquidationswert geht davon aus, dass das gesamte **Unternehmen oder Unternehmensteile**, z.B. einzelne Unternehmensbereiche und nicht betriebsnotwendiges Vermögen, nicht mehr fortgeführt, sondern **verkauft werden**, und zwar sofort zum Zeitpunkt der Betrachtung (Zerschlagungswert)

- Der Liquidationswert dient dem Verkäufer als Wertuntergrenze, wenn der Fortführungswert des Unternehmens niedriger ist.

Substanzwert

- Der Substanzwert ist der Betrag, der aufgewendet werden müsste, um ein anderes Unternehmen mit der gleichen Leistungsfähigkeit aufzubauen
- Der Substanzwert entspricht der Summe der mit den **Wiederbeschaffungskosten** bewerteten, **betriebsnotwendigen Aktiva**
- **Nicht betriebsnotwendige Aktiva** werden mit **Liquidationswerten** berücksichtigt
- Es ist zu unterscheiden zwischen
  - Gesamtrekonstruktionswert und Teilrekonstruktionswert
  - Brutto- und Nettosubstanzwert (vor/nach Abzug von Schulden)

Zukunftserfolgswert

- Grundgedanke: Der Unternehmenswert richtet sich ausschließlich nach den **künftigen finanziellen Überschüssen**, die das Unternehmen für seine Kapitalgeber erwirtschaftet (Gewinne oder Cashflows).

- Der Zukunftserfolgswert entspricht dem **Barwert**, der sich aus der Abzinsung (Diskontierung) der künftigen finanziellen Überschüsse auf den Bewertungsstichtag ergibt.

Ermittlung von Zukunftserfolgswerten

- **Diskontierung der Überschüsse** des betriebsnotwendigen und nicht betriebsnotwendigen Vermögens **auf den Bewertungsstichtag**
- **Betriebsnotwendiges Vermögen:** Die Vermögensteile dienen dem eigentlichen Betriebszweck (erklärtes Leistungsprogramm)
- **Nicht betriebsnotwendiges Vermögen**: Die Vermögensteile können frei veräußert werden, ohne dass davon die eigentliche Unternehmensaufgabe berührt wird
- Annahme: Die **Überschüsse werden** jeweils **am Jahresende gezahlt**

Netto- und Bruttokapitalisierung

- **Netto**kapitalisierung**:**
  - Unternehmenswert errechnet sich, indem die um die Fremdkapitalkosten verminderten finanziellen Überschüsse mit dem Eigenkapitalkostensatz diskontiert werden
- **Brutto**kapitalisierung:
  - Unternehmenswert errechnet sich, indem die gesamten finanziellen Überschüsse mit dem Eigen- und Fremdkapitalkostensatz diskontiert werden (= Gesamtunternehmenswert) und danach der Wert des Fremdkapitals abgezogen wird:
- Unternehmenswert= Gesamtunternehmenswert − Fremdkapital

Ertragswertverfahren

- Der Unternehmenswert errechnet sich aus den künftigen handelsrechtlichen **Ertragsüberschüssen** (Erträge - Aufwendungen = Gewinnen), die **mit** dem **Eigenkapitalkostensatz auf** den **Bewertungsstichtag diskontiert** werden (=Nettokapitalisierung)

- Die **Prognose** der **künftigen Ertragsüberschüsse** erfolgt auf der Basis **bereinigter Vergangenheitswerte**, d.h. Sondereinflüsse (außerordentliche Erträge/ Aufwendungen) und periodenfremde Ergebnisse (z.B. mehrjährige Auftragsfertigung, Differenz Rückstellung und tatsächliche Ausgabe) sind herauszurechnen

Begrenzte Lebensdauer

$$UW = \sum_{t=1}^{n} \frac{\ddot{U}_t^{bv}}{(1+i)^t} + \sum_{t=1}^{n} \frac{\ddot{U}_t^{nbv}}{(1+i)^t} + \sum_{t=1}^{n} \frac{\ddot{U}_t^{liqu}}{(1+i)^t}$$

	Barwert der künftigen finanziellen Überschüsse aus dem **betriebsnotwendigen** Vermögen
+	Barwert der künftigen finanziellen Überschüsse aus dem **nicht betriebsnotwendigen** Vermögen
+	Barwert der Überschüsse, die aus der Aufgabe (z.B. **Liquidation**) des Unternehmens resultieren
=	Unternehmenswert **(Ertragswert)**

Unbegrenzte Lebensdauer (Einphasen-Modell)

$$UW = \frac{\ddot{U}_{p.a.}}{i} + \sum_{t=1}^{n} \frac{\ddot{U}_t^{nbv}}{(1+i)^t}$$

Barwert der jährlich gleich hohen Überschüsse aus dem **betriebsnotwendigen Vermögen** (ewige Rente)

\+ Barwert der Überschüsse aus dem **nicht betriebsnotwendigen Vermögen**

= Unternehmenswert **(Ertragswert)**

Unbegrenzte Lebensdauer (Zweiphasen-Modell)

Barwert der Überschüsse aus dem **betriebsnotwendigen Vermögen** (nähere Phase)

\+ Barwert der **jährlich gleich hohen Überschüsse aus dem betriebsnotwendigen Vermögen** (Barwert des Restwertes für die fernere Phase)

\+ Barwert der Überschüsse aus dem **nicht betriebsnotwendigen Vermögen**

= Unternehmenswert **(Ertragswert)**

Zweiphasen-Modell

$$UW = \sum_{t=1}^{n} \frac{\bar{Ü}_t^{bv}}{(1+i)^t} + \frac{RW}{(1+i)^n} + \sum_{t=1}^{n} \frac{\bar{Ü}_t^{nbv}}{(1+i)^t}$$

$$RW = \frac{\bar{Ü}_{n+1}}{i-w}$$

RW	=	Residualwert; pauschaler Betrag, der mit dem letzten Jahr der näheren Phase (n) abgezinst wird
$Ü_{n+1}$	=	Überschuss des ersten Jahres der ferneren Phase
i	=	Kapitalisierungszins (z.B. 7 % = 0,07)
w	=	jährliche Wachstumsrate (z.B. 2,5 % = 0,025)
n	=	letztes Jahr der näheren Phase !!!

Unbegrenzte Lebensdauer (Zweiphasen-Modell)

Für ein Unternehmen seien folgende Ertragsüberschüsse prognostiziert: 1. Jahr 33 Mio. €, 2. Jahr 39 Mio. €, 3. Jahr 44 Mio. € und 4. Jahr 48 Mio. €. Für die fernere Phase (Jahr 5 und die folgenden Jahre) wird ein Ertragsüberschuss von 50 Mio. € mit einer jährlichen Wachstumsrate von 2,5 % angenommen. Das nicht betriebsnotwendige Vermögen soll nach 2 Jahren mit einem Überschuss von 10 Mio. € verkauft werden. Auszugehen ist von einem Diskontierungszinssatz von 15 %. Ermitteln Sie den Unternehmenswert nach dem Zweiphasen-Modell).

$$RW = \frac{50.000.000}{0,125} = 400.000.000$$

$$UW = \frac{33.000.000}{1,15} + \frac{39.000.000}{1,15^2} + \frac{44.000.000}{1,15^3} + \frac{48.000.000}{1,15^4} + \frac{400.000.000}{1,15^4} + \frac{10.000.000}{1,15^2}$$

$$= 28.695.652 + 29.489.603 + 28.930.714 + 27.444.156 + 228.701.298 + 7.561.437$$

$$= 350.822.860$$

Discounted-Cash-Flow (DCF)-Verfahren

Unternehmenswert errechnet sich insbesondere durch

→ **Abzinsung der künftigen freien Cashflows**.

Freier Cashflow ist der finanzielle Überschuss einer Periode, der den Kapitalgebern zur Verfügung steht zur:

- Schuldentilgung
- Zahlung von Fremdkapitalzinsen
- Gewinnausschüttung an die Gesellschafter
- Man unterscheidet zwischen Entity-Verfahren und Equity-Verfahren. Die Entity-Verfahren wiederum lassen sich in das WACC-Verfahren und das APV-Verfahren untergliedern.

WACC-Verfahren

Unternehmenswert = Gesamtunternehmenswert – Fremdkapital

Der Gesamtunternehmenswert (GUW) errechnet sich durch Diskontierung der freien Cashflows mit Gesamtkapitalkostensatz WACC = **Brutto**kapitalisierung

WACC (**W**eighted **A**verage **C**ost of **C**apital) = gewichteten Durchschnitt aus den Renditeforderungen der Eigen- und Fremdkapitalgeber dar

= Gesamtkapitalkostensatz

= mit dem die freien Cashflows abgezinst werden

= ist für jedes (!) zukünftige Geschäftsjahr bis zur „ewigen Rente“ separat zu berechnen

WACC

Definition Kapitalkosten

Kalkulationszins, mit dem künftige Cash Flows diskontiert werden

Investitionskosten,
- die einem Unternehmen durch den Einsatz von
- Eigenkapital und
- Fremdkapital entstehen

- Die Ermittlung erfolgt mit WACC-Methode

- Ziel: Kapitalkosten als Mindestrendite

WACC

Weighted Average Cost of Capital

= gewichtete durchschnittliche Kosten (Zins) von EK und FK

$$\text{WACC} = \frac{\text{Eigenkapital}}{\text{Gesamtkapital}} \times \text{rEK} + \frac{\text{Fremdkapital}}{\text{Gesamtkapital}} \times r_{FKs}$$

$$\text{WACC} = \text{EK-Quote} \times r_{EK} + \text{FK-Quote} \times r_{FKs}$$

r_{EK} = Ermittlung Renditeerwartung EK-Geber nach CAPM-Methode

r_{FKs} = $r_{FK} \times (1 - s)$; Renditeforderung FK-Geber - Steuerersparnis (Berücksichtigung der steuerlichen Abzugsfähigkeit der FK-Zinsen)

s = Steuersatz des Unternehmens

Ermittlung des WACC

Für ein Unternehmen gelten folgende Angaben: Marktwert des Eigenkapitals 200 Mio. €, Markt- wert des Fremdkapitals 300 Mio. €, Fremdkapitalkostensatz 8 %, Ertragsteuersatz 30 %, Zinssatz für risikofreie Anlagen 5 %, Marktrendite 9 %, Beta 1,1 (das unternehmensindividuelle Risiko ist also etwas größer als der Marktdurchschnitt). Wie hoch sind der Eigenkapitalkostensatz rEK und der Kapitalkostensatz WACC?

$$r_{EK} = 5\,\% + (9\,\% - 5\,\%) \cdot 1{,}1 = 9{,}4\,\%$$

$$WACC = 9{,}4\,\% \cdot \frac{2}{5} + 8\,\% \cdot (1 - 0{,}3) \cdot \frac{3}{5} = 7{,}12\,\%$$

Ermittlung des Unternehmenswerts nach WACC

Der Unternehmenswert (Marktwert des Eigenkapitals) errechnet sich aus dem Gesamtunternehmenswert (Marktwert des Gesamtkapitals) abzüglich Marktwert des Fremdkapitals. Für die Ermittlung des Gesamtunternehmenswertes werden die künftigen freien Cashflows, der Residualwert und der Überschuss aus dem nicht be- triebsnotwendigen Vermögen mit dem WACC auf den Betrachtungszeitpunkt abgezinst:

$$UW = \sum_{t=1}^{n} \frac{FCF_t}{(1 + WACC)^t} + \frac{RW}{(1 + WACC)^n} + \sum_{t=1}^{n} \frac{Ü_t^{nbV}}{(1 + WACC)^t} - MFK$$

UW	= Unternehmenswert
t	= Jahresindex
n	= Das letzte Jahr der näheren Phase
FCF	= Freie Cashflows
WACC	= Weighted Average Cost of Capital
RW	= Residualwert
$Ü^{nbV}$	= Überschuss aus dem nicht betriebsnotwendigen Vermögen
MFK	= Marktwert des Fremdkapitals

Ermittlung des Unternehmenswerts nach WACC

Beispielsweise werden die künftigen freien Cashflows eines Unternehmens wie folgt prognostiziert: 1. Jahr 3,2 Mio. €, 2. Jahr 3,5 Mio. €, 3. Jahr 3,8 Mio. €. Für die fernere Phase (Jahre 4 und folgende) wird ein freier Cashflow von 4 Mio. € unterstellt, und zwar mit einer jährlichen Wachstumsrate von 2 %. Das nicht betriebsnotwendige Vermögen soll nach 2 Jahren mit einem Überschuss von 1 Mio. € verkauft werden.

Weitere Plandaten: Marktwert des Fremdkapitals 12,3 Mio. €, Basiszins 5 %, Fremd- kapitalzins 7 %, Ertragsteuersatz des Unternehmens 20 %, Markrendite 10 %, Beta 1,2, Zielkapitalstruktur: Eigenkapitalquote 75 %, Fremdkapitalquote 25 %. Ermitteln Sie Eigenkapitalkostensatz, WACC, Residualwert und Unternehmenswert.

Ermittlung des Unternehmenswerts nach WACC

Beispielsweise werden die künftigen freien Cashflows eines Unternehmens wie folgt prognostiziert: 1. Jahr 3,2 Mio. €, 2. Jahr 3,5 Mio. €, 3. Jahr 3,8 Mio. €. Für die fernere Phase (Jahre 4 und folgende) wird ein freier Cashflow von 4 Mio. € unterstellt, und zwar mit einer jährlichen Wachstumsrate von 2 %. Das nicht betriebsnotwendige Vermögen soll nach 2 Jahren mit einem Überschuss von 1 Mio. € verkauft werden.

Weitere Plandaten: Marktwert des Fremdkapitals 12,3 Mio. €, Basiszins 5 %, Fremd-kapitalzins 7 %, Ertragsteuersatz des Unternehmens 20 %, Markrendite 10 %, Beta 1,2, Zielkapitalstruktur: Eigenkapitalquote 75 %, Fremdkapitalquote 25 %. Ermitteln Sie Eigenkapitalkostensatz, WACC, Residualwert und Unternehmenswert.

$$r_{EK} = 5\,\% + (10\,\% - 5\,\%) \cdot 1{,}2 = 11\,\%$$

$$\text{WACC} = 11\,\% \cdot \frac{75}{100} + 7\,\% \cdot (1 - 0{,}2) \cdot \frac{25}{100} = 9{,}65\,\%$$

$$\text{RW} = \frac{4.000.000}{0{,}0765} = 52.287.582$$

$$\text{UW} = \frac{3.200.000}{1{,}0965} + \frac{3.500.000}{1{,}0965^2} + \frac{3.800.000}{1{,}0965^3} + \frac{52.287.582}{1{,}0965^3} + \frac{1.000.000}{1{,}0965^2} - 12.300.000 = 36.905.409$$

APV-Verfahren

Das APV-Verfahren bestimmt den Unternehmenswert (Marktwert des Eigenkapitals) **auf Basis des Gesamtkapitalwertes eines unverschuldeten Unternehmens**.

Die **Diskontierung** erfolgt also ausschließlich durch die **Renditeforderung der Eigenkapitalgeber** (rEK).

Vom so errechneten Gesamtkapitalwert wird dann der Marktwert des Fremdkapitals abgezogen, wobei noch die steuerliche Abzugsfähigkeit der Fremdkapitalzinsen durch den Faktor (1 – s) zu berücksichtigen ist.

$$UW = \sum_{t=1}^{n} \frac{FCF_t}{(1+r_{EK})^t} + \frac{RW}{(1+r_{EK})^n} + \sum_{t=1}^{n} \frac{\ddot{U}_t^{nbV}}{(1+r_{EK})^t} - (1-s) \cdot MFK$$

Equity-Verfahren

Das Equity-Verfahren errechnet den Marktwert des Eigenkapitals durch **Summierung der diskontierten Überschüsse**, die dem Unternehmen **zur Ausschüttung** an die Eigentümer zur Verfügung stehen. Dabei werden die Überschüsse **mit der Renditeforderung der Eigenkapitalgeber diskontiert**. Den Überschuss bezeichnet man auch als auch als Flow-to-Equity. Dieser Überschuss errechnet sich auf folgende Weise:

Freier Cashflow
– Fremdkapitalzinsen
+ Verminderung der Steuerlast aufgrund der Abzugsfähigkeit von Fremdkapitalzinsen +/– Erhöhung/Verminderung des Bestandes an Fremdkapital
= Flow-to-Equity

Auch im Rahmen des Equity-Verfahrens erfolgt die Bestimmung des zur Diskontierung erforderlichen Zinssatzes, der Renditeforderung der Eigenkapitalgeber rEK, nach Maßgabe des CAPM.

$$UW = \sum_{t=1}^{n} \frac{FTE_t}{(1+r_{EK})^t} + \frac{RW}{(1+r_{EK})^n} + \sum_{t=1}^{n} \frac{\ddot{U}_t^{nbV}}{(1+r_{EK})^t}$$

Multiplikatorverfahren

- Die Multiplikatorverfahren nutzen **Kennzahlen vergleichbarer Unternehmen**, um auf den Wert des zu beurteilenden Unternehmens zu schließen.
- Errechnen sich durch Multiplikation bestimmter Kennzahlen vergleichbarer Unternehmen mit einem Faktor (Multiple)
- Beispiele für Kennzahlen:
  - Gewinn-Multiple: EBITDA oder EBIT * Faktor x,y
  - Umsatz-Multiple: Umsatz * Faktor x,y
  - Kunden-Multiple: Kundenzahl (z.B. Auflage, Adressen) * € xyz
- Beispiele für Multiplikator vergleichbarer Unternehmen
  - Kurse börsennotierter Unternehmen (bei mehreren Durchschnittswert)
  - Tatsächlich stattgefundene Unternehmensveräußerungen (bei mehreren Durchschnittswert)
  - Ermittlung: Unternehmenswert eines vergleichbaren Unternehmens wird durch eine der o.g. Kennzahlen dividiert
- Unternehmenswert = Kennzahl x Multiplikator

Multiplikatorverfahren

Der Wert eines zu beurteilenden Unternehmens soll durch einen Gewinnmultiplikator bestimmt werden. Als Vergleichsmaßstab dienen der durchschnittliche Unternehmenswert und Gewinn von Unternehmen derselben Branche und Region. Für diese Peer Group gelten folgende Größen: Durchschnittlicher Unternehmenswert 10.000.000 €, durchschnittlicher Jahresgewinn 800.000 €. Das zu beurteilende Unternehmen erzielt einen Jahresgewinn von 500.000 €. Ermitteln Sie den Gewinnmultiplikator, sowie den daraus resultierenden Unternehmensgewinn

- Peer-Group: UW / Gewinn = Gewinnmultiplikator
- 10.000.000€ / 800.000€ = 12,5
- In der Peer Group beträgt der Unternehmenswert somit das 12,5-Fache des Jahresgewinns.
- UW = Jahresgewinn * Gewinnmultiplikator der Peer-Group
- UW = 500.000€ * 12,5 = 6.250.000€

Kurs-Gewinn-Verhältnis und Price-Earning-to-Growth-Ratio

$$KGV = \frac{\text{Kurs pro Aktie}}{\text{Gewinn pro Aktie}}$$

$$PEG = \frac{\text{Kurs - Gewinn - Verhältnis}}{\text{Wachstumsrate des Gewinns}}$$

- Das **Kurs-Gewinn-Verhältnis** liefert einen Anhaltspunkt darüber, **ob** der **Aktienkurs** eines Unternehmens relativ hoch oder niedrig ist, d.h., **ob die Aktie über- oder unterbewertet** ist. Als Gewinn pro Aktie ist der Gewinn gemeint, den das Unternehmen pro Aktie in einem Jahr erwirtschaftet.
- Das **PEG** bezieht Wachstumseffekte mit ein, indem es nicht von einem konstanten jährlichen Gewinn pro Aktie ausgeht, sondern die **erwarteten Gewinnsteigerungen mit einbezieht**. Je höher das PEG, umso teurer ist die Aktie.

Kurs-Gewinn-Verhältnis

- Der Kurs einer Aktie des Unternehmens A betrage 50 €, der Gewinn pro Aktie 2,50 €. Ermitteln Sie den KGV und die Zeitspanne, nach der sich der Kauf dieser Aktie amortisiert.

$$KGV = \frac{\text{Kurs pro Aktie}}{\text{Gewinn pro Aktie}}$$

- KGV = 50€ / 2,50€ = 20
- Wenn der Gewinn pro Aktie jedes Jahr konstant wäre, würde sich der Kauf der Aktie nach 20 Jahren amortisieren, d.h. die Ausgabe für den Kauf der Aktie würde sich nach 20 Jahren mit den resultierenden Gewinnen pro Aktie decken.

Price-Earning-to-Growth-Ratio

Der Kurs einer Aktie des Unternehmens A betrage 50 €, der Gewinn pro Aktie 2,50 €. Es werden jährliche Gewinnsteigerungen von 25% erwartet. Ermitteln Sie die PEG. Würden den Kauf dieser Aktie empfehlen?

$$\textbf{PEG} = \frac{\textbf{Kurs - Gewinn - Verhältnis}}{\textbf{Wachstumsrate des Gewinns}}$$

- PEG = 50€ / 2,50€ / 25
- = 20 / 25 = 0,8
- Das KGV sollte kleiner gleich der Wachstumsrate des Gewinns sein (PEG <= 1), damit die Aktie kaufenswert bleibt. Unter Annahme einer Gewinnsteigerungsrate von 25% sollte der Kauf dieser Aktie erwogen werden.

Gliederung

I. Investition

II. Finanzierung

   1. Grundlagen

   2. Außenfinanzierung

   3. Innenfinanzierung

   4. Spezielle Finanzierungsformen

Finanzierungsbegriff

Finanzierung ist die Beschaffung, Umschichtung, Sicherung und Reduzierung von **Kapital** (Gliederung der Bilanz s. § 266 III HGB).

Jedes Unternehmen hat Finanzierungsbedarf, da die Auszahlungen für die Beschaffung von Produktionsfaktoren den Einzahlungen aus dem Unternehmensprozess in der Regel zeitlich vorgelagert sind.

Beispielsweise muss ein Unternehmen zuerst die Bezahlung der Mitarbeiter und Lieferanten, bzw. größerer Investitionen leisten bevor es später die Einzahlungen als Folge der angesetzten Güter / Dienstleistungen erhält. Die Finanzierung dient hierfür als Brücke.

Eigenkapital

- Eigenkapital: finanzielle Mittel, die von den Eigentümern einer Unternehmung zu deren Finanzierung aufgebracht (Beteiligungsfinanzierung) oder als erwirtschafteter Gewinn im Unternehmen belassen wurden (Selbstfinanzierung).

- Das Eigenkapital umfasst den Saldo zwischen Vermögen und Schulden. Es gliedert sich nach § 266 Abs. 3 HGB in folgende Unterposten auf:
  - Gezeichnetes Kapital
  - Rücklagen (Kapital- und Gewinnrücklagen)
  - Gewinnvortrag/ Verlustvortrag
  - Jahresüberschuss/ Jahresfehlbetrag

Gezeichnetes Kapital

- Das gezeichnete Kapital ist das **Haftkapital, dass die Gesellschaft als Sicherheit hinterlegen muss**. Durch diese Einlagen müssen die Gesellschafter bei einer Aktiengesellschaft oder einer GmbH nicht mehr persönlich haften. Die Einlagen dienen als Sicherheit für die Gläubiger, falls das Unternehmen insolvent gehen sollte.

- Bei einer **Aktiengesellschaft** beträgt es mindestens **50.000€**, während es bei einer **GmbH** nur **25.000€** beträgt. Es muss jedoch nicht sofort der volle Betrag hinterlegt werden; es genügt, wenn eine Einlage in Höhe der Hälfte des Betrages zur Gründung des Unternehmens vorgenommen worden ist. Die andere Hälfte ist dann eine Forderung gegenüber den Gesellschaftern und wird deshalb als „ausstehende Einlage" bezeichnet und wird in der Bilanz noch vor dem Anlagevermögen ausgewiesen.

- Eine Erhöhung oder Herabsetzung des gezeichneten Kapitals ist nicht laufend möglich. Beispielsweise muss bei einer Aktiengesellschaft die Mehrheit der Mitglieder auf der Hauptversammlung der Erhöhung zustimmen. Der Vorstand muss diesen Beschluss dann umsetzen und die Erhöhung im Handelsregister eingetragen lassen.

Rücklagen

- Rücklagen können sich von Jahr zu Jahr **durch Auflösungen oder Erhöhungen ändern** und gelten somit als eine Art **„variables" Eigenkapital**. Dies zeigt den Gegensatz zum gezeichneten Kapital, welches sich nur sehr selten ändert.

- Es kann eine Unterteilung der Rücklagen in offene und stille Rücklagen vorgenommen werden. Dabei sind die **offenen Rücklagen** ihrer Höhe nach und ihrem Ansatz nach **in der Bilanz zu erkennen**. Zu den offenen Rücklagen gehören die aus Sonderzahlungen der Anteilseigener stammenden **Kapitalrücklagen** und die aus zurückbehaltenen Gewinnen gebildeten **Gewinnrücklagen**.

- **Stille Reserven** dagegen sind aus der Bilanz **nicht** einfach **herauszulesen**. Sie entstehen durch die **Unterbewertung von Vermögensgegenständen** oder durch **zu hohe Wertansätze auf der Passivseite**.

- Rücklagen dienen dazu, **auftretende Verluste abzufangen**, ohne auf das „gezeichnete Kapital" zugreifen zu müssen. Zudem sollen sie dem Unternehmen in kritischen Phasen eine gewisse Resistenz verleihen, da sie die **Liquidität durch den zurückbehaltenen Gewinn erhöhen**.

Jahresüberschuss/ -fehlbetrag und Gewinn-/ Verlustvortrag

Das Ergebnis, welches sich aus der Differenz zwischen den kumulierten **Erträgen** und den kumulierten **Aufwendungen** des abgelaufenen Jahres ergibt, stellt den **Jahresüberschuss** oder den Jahresfehlbetrag dar. Die **Verwendung des Vorjahresgewinns** wird in der **Hauptversammlung** oder der Gesellschafterversammlung beschlossen. Der **Rest** ergibt den **Gewinnvortrag**. Dieser wird dann **dem Ergebnis des neuen Jahres mit angerechnet**. Der Verlustvortrag stellt den Verlust des Vorjahres dar und wird im nächsten Geschäftsjahr vom Gewinn abgezogen oder zum Verlust des Geschäftsjahres hinzuaddiert.

Fremdkapital

- Fremdkapital: Zum Fremdkapital zählen sämtliche **Verbindlichkeiten gegenüber Gläubigern**. Das trifft zum Beispiel auf Bankkredite und Anleihen zu. Die Gläubiger leihen in diesen Fällen der Firma bestimmte Geldsummen, ohne sich an ihr zu beteiligen. Das Gegenteil liegt unter anderem bei der Ausgabe von Aktien vor, da die Aktionäre mit dem Kauf der Papiere zu Eigentümern werden.
- Darüber hinaus handelt es sich bei anderen unterschiedlichen Verbindlichkeiten um Fremdkapital. Das gilt beispielsweise für Verbindlichkeiten, die im laufenden Geschäftsprozess entstehen, etwa noch zu zahlende Steuern oder Rechnungen.
- **Rückstellungen** müssen Unternehmen ebenfalls dem Fremdkapital zuordnen.

Rückstellungen

- Rückstellungen stellen einen noch **nicht bestimmbaren Aufwand am Abschluss-Stichtag** (z.B. Prozesskosten für 2016, die bereits am 31.12.2015 bekannt waren) dar.
- Rückstellungen dürfen nur dann gebildet werden, wenn sie **dem Grunde nach** bereits bestehen (es kommen auf jeden Fall Prozesskosten auf das Unternehmen zu), der Betrag und das genaue Datum der Fälligkeit aber noch nicht exakt bekannt sind. Das Vorhandensein eines bloßen Geschäftsrisikos reicht nicht aus.

Arten von Rückstellungen

- **Pensionsrückstellungen**: Verpflichtungen zur betrieblichen Altersvorsorge (wann und wieviel ist noch unbekannt)
- **Steuerrückstellungen**: Steuerzahlungen, die im abgeschlossenen Geschäftsjahr in ihrer Höhe noch unbekannt sind
- Sonstige Rückstellungen, z.B.:
  - **Drohverlustrückstellungen**: Verluste aus schwebenden Geschäften, deren Verträge von keiner Partei unterzeichnet wurde
  - **Garantierückstellungen**: mögliche Inanspruchnahme ungewisser Gewährleistungsansprüche durch Vertragspartner
  - **Prozesskostenrückstellungen**: drohende Verluste aus schwebenden Gerichtsverfahren
  - **Aufwandsrückstellungen**: unterlassene Instandhaltungsmaßnahmen, die innerhalb von drei Monaten nach Abschlussstichtag nachgeholt werden

Verbindlichkeiten

- **Verbindlichkeiten gegenüber Kreditinstituten**: In dieser Position werden alle Kredite des Unternehmens aufgelistet, die es bei inländischen und ausländischen Kreditinstituten in Anspruch genommen hat. Diese Verbindlichkeiten werden in der Bilanz mit dem Nennbetrag und noch zu zahlenden Zinsen angesetzt.
- **Verbindlichkeiten aus Lieferungen und Leistungen**: Verbindlichkeiten aus Lieferungen und Leistungen entstehen beim Kauf von Roh-, Hilfs-Betriebsstoffen, beim Kauf von Anlagevermögen, beim Kauf von Betriebs- und Geschäftsausstattung, beim Kauf von Büromaterial auf Rechnung mit Zahlungsziel. Hierunter fallen die Verbindlichkeiten, die daraus resultieren, dass das Unternehmen seine vertraglichen Pflichten noch nicht oder nur teilweise erfüllt hat. Hierbei ist zu beachten, dass Verbindlichkeiten aus Lieferung und Leistung nicht mit Forderungen von Lieferanten verrechnet werden dürfen. Verbindlichkeiten aus Lieferungen und Leistungen werden mit dem entsprechenden Kaufpreis inklusive Umsatzsteuer angesetzt. Ein eventuell gewährter Skonto darf nur angesetzt werden, wenn am Bilanzstichtag feststeht, dass dieser auch in Anspruch genommen wird.
- **Anleihen**: Anleihen sind Schuldverschreibungen für am öffentlichen Kapitalmarkt aufgenommenes, langfristiges Fremdkapital. Der Besitzer der Anleihe ist kein Miteigentümer am Unternehmen, sondern wie eine Bank ein Kreditgeber. Er verleiht für einen festgelegten Zeitraum Geld und erhält im Gegenzug einen festen Zinssatz. Am Ende der Laufzeit wird das eingesetzte Kapital zum Nennwert der Anleihe zurückgezahlt.
- **Anzahlungen von Kunden**: Anzahlungen werden vom Kunden geleistet, bevor Unternehmen / der Lieferant die vereinbarte Leistung erbracht wurde.
- **Schuldwechsel**: Ein Schuldwechsel ist eine schriftliche Fixierung eines Zahlungsversprechens durch den Schuldner.
- **Verbindlichkeiten gegenüber verbundenen Unternehmen**: Hier werden die Verbindlichkeiten erfasst, die dem Unternehmen mit verbundenen Unternehmen entstanden sind.
- **Sonstigen Verbindlichkeiten**: Hierzu gehören z.B. Verbindlichkeiten gegenüber Mitarbeitern oder Darlehen von Nicht-Banken.

Wesentliche Finanzierungsarten

- Eigenfinanzierung: Zuführung von Eigenkapital
- Fremdfinanzierung: Zuführung von Fremdkapital
- Außenfinanzierung: Das Kapital wird dem Unternehmen von externen Kapitalgebern zur Verfügung gestellt.
- Innenfinanzierung: Das Unternehmen erwirtschaftet selbst liquide Mittel.

Systematik der Finanzierungsarten

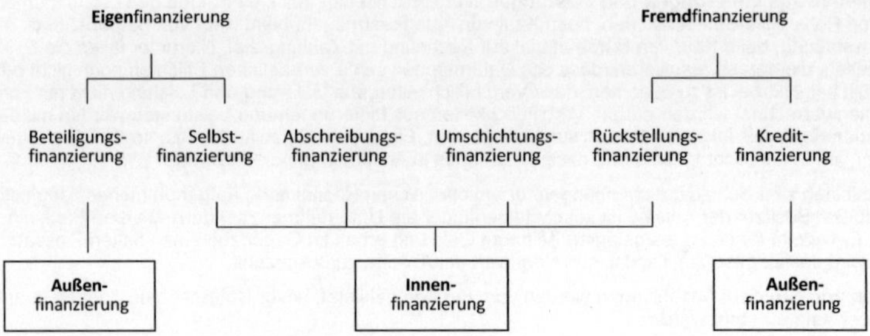

Gliederung

I. Investition

II. Finanzierung

1. Grundlagen
2. **Außenfinanzierung**
    a. **Beteiligungsfinanzierung**
    b. Kreditfinanzierung
3. Innenfinanzierung
4. Spezielle Finanzierungsformen

Beteiligungs- vs. Kreditfinanzierung

Kriterien	Beteiligungs-finanzierung	Kredit-finanzierung
Kapitalgeber	Gesellschafter	Gläubiger
Entscheidungsrechte	Ja	Nein
Haftung	Ja	Nein
Verzinsungsanspruch	Nein	Ja
Gewinnbeteiligung	Ja	Nein
Kapitalüberlassungsdauer	Unbefristet	Befristet
Anspruchsgrundlage	Quote	Nominal

Rechtsformen

Die Rechtsform eines Unternehmens hat einen wesentlichen Einfluss auf die Art und den Umfang der Beteiligungsfinanzierung:

Rechtsformen

Einzelfirmen	Personen-gesellschaften	Kapital-gesellschaften	Genossenschaften
Einzelperson eK	OHG KG GmbH&Co.KG	AG KGaA Societas Europaea GmbH	eG

Begriff Beteiligungsfinanzierung (Eigenfinanzierung)

- Die Beteiligungsfinanzierung dient der Eigenkapitalbeschaffung von außen
- Als Kapitalgeber fungieren die Inhaber und Gesellschafter des Unternehmens
- Eigenfinanzierung versorgt das Unternehmen grundsätzlich mit zeitlich unbegrenzt zur Verfügung stehendem Kapital.
- Vorteil von hohem Eigenkapitalanteil eines Unternehmens für die Fremdkapitalgeber: bei Insolvenz werden diese vor dem Eigentümern zuerst bedient

Beteiligungsfinanzierung

- Bei der Beteiligungsfinanzierung wird das Kapital **von den Eigentümern** des Unternehmens bereitgestellt.
- Bei Personen- und Kapitalgesellschaften (mit Ausnahme der AG) entspricht das Eigenkapital in der Regel den **Einlagen der Gesellschafter**. Diese können nur erhöht werden, indem entweder neue Gesellschafter Einlagen leisten oder die bisherigen Gesellschafter ihre Einlagen erhöhen.
- Beteiligen sich neue Gesellschafter an einem Unternehmen, so spricht man von einem offenen Gesellschafterkreis. Erhöhen bisherige Gesellschafter ihre Einlagen, ist von einem geschlossenen Gesellschafterkreis die Rede.

Beteiligungsfinanzierung Personenhandelsgesellschaften

- Der Inhaber einer **Einzelfirma** unterliegt bei seinen Entscheidungen über Art und Umfang des Eigenkapitals keinen gesetzlichen Auflagen. Das Eigenkapital kann sich jederzeit durch Einlagen und Gewinne erhöhen oder durch Entnahmen und Verluste verringern.
- Eine **OHG** kommt vor allem für gleich berechtigte und verpflichtete Gesellschafter in Betracht, die oft auch in dem Unternehmen tätig sind. Für die Verbindlichkeiten des Unternehmens haften die Gesellschafter unbegrenzt, nach Austritt/ Auflösung noch fünf Jahre. Gewinne sind zunächst mit 4 % zu verzinsen, der Restgewinn (Verlust) ist in einem angemessenen Verhältnis aufzuteilen.
- Gemäß § 161 HGB ist die **KG** eine Personenhandelsgesellschaft, bei der mindestens ein Gesellschafter, der Komplementär, unbeschränkt haftet und mindestens ein Gesellschafter, der Kommanditist, nur mit seiner Einlage haftet. Sofern der Gesellschaftsvertrag nichts anderes enthält, obliegt die Geschäftsführung den Komplementären. Die Eigenkapitalanteile der Komplementäre sind wie in der Einzelfirma und OHG durch Einlagen bzw. Entnahmen und Gewinne bzw. Verluste variabel. Der Eigenkapitalanteil der Kommanditisten ist konstant. Die Gewinn- und Verlustbeteiligung entspricht der der OHG.

Beteiligungsfinanzierung Kapitalgesellschaften

- Eine **GmbH** kann gemäß § 1 GmbHG zu jedem gesetzlich zulässigen Zweck durch eine oder mehrere (natürliche oder juristische) Personen gegründet werden. Das **Mindeststammkapital** beläuft sich auf **25.000€**. Die Haftung ist auf das Gesellschaftsvermögen beschränkt. Das Stammkapital ist konstant; Rücklagen, Nachschüsse und Gewinn- und Verlustvorträge sind variabel.
- Eine Kapitalerhöhung gegen Einlagen bedeutet die Zuführung zusätzlicher Mittel in Form von Geld- und Sacheinlagen. Die neuen Stammeinlagen können durch die bisherigen oder neue Gesellschafter übernommen werden. Eine **Kapitalerhöhung aus Gesellschaftsmitteln** bewirkt keine Zuführung zusätzlicher Mittel. Stattdessen werden **Rücklagen in Stammkapital umgewandelt**, wobei entweder neue Stammeinlagen entstehen oder die bisherigen sich erhöhen.
- Eine **Kapitalherabsetzung** dient zum **Ausgleich von Verlusten** oder zur **Rückzahlung von Eigenkapital a**n die Gesellschafter. Die Herabsetzung des Stammkapitals bedeutet eine Reduzierung des Gläubigerschutzes.
- Ein GmbH-Gesellschafter kann seine Geschäftsanteile (Stammeinlagen) nur durch Abtretung in Form eines notariell geschlossenen Vertrages verkaufen. Per Gesellschaftsvertrag kann die Abtretung an weitere Voraussetzungen – insbesondere an die Zustimmung der Gesellschaft – gebunden sein. Der Verkauf ist in das Handelsregister einzutragen (§§ 15 ff. GmbHG).

Beteiligungsfinanzierung Genossenschaft

- Die eingetragene **Genossenschaft** (eG) ist eine juristische Person, aber keine Kapitalgesellschaft. Sie bildet eine Personenvereinigung mit nicht geschlossener Mitgliederzahl, deren Zweck es gemäß § 1 Abs. 1 GenG ist, den Erwerb oder die Wirtschaft ihrer Mitglieder oder deren sozialen oder kulturellen Belange durch gemeinschaftlichen Geschäftsbetrieb zu fördern.
- Die Genossenschaft unterscheidet sich von der Personenhandelsgesellschaft dadurch, dass **für** die **Verbindlichkeiten** nur das **Vermögen der Genossenschaft** haftet, und von der Kapitalgesellschaft dadurch, dass **kein festes Eigenkapital vorgeschrieben** ist.
- Das **Eigenkapital** der Genossenschaft ist variabel und setzt sich aus dem **Geschäftsguthaben** und den **Ergebnisrücklagen** zusammen.
- Das Geschäftsguthaben der Genossenschaft erhöht sich durch Einzahlungen der alten und neuen Mitglieder, während Zahlungen an ausscheidende Mitglieder es verringern. Auch Sacheinlagen sind möglich. Das Geschäftsguthaben eines Mitglieds entspricht den tatsächlichen Einzahlungen dieses Mitglieds. Gewinnanteile vermehren und Verlustanteile vermindern das Geschäftsguthaben.
- Die **Ergebnisrücklagen** von Genossenschaften entsprechen den **Gewinnrücklagen** von Kapitalgesellschaften. Sie verändern sich durch einbehaltene Gewinne und durch Verluste.
- Gegebenenfalls sind die Mitglieder im **Insolvenzfall** gemäß Statut zu (unbeschränkten oder beschränkten) **Nachschusszahlungen** verpflichtet (§ 6 Nr. 3 GenG).

Beteiligungsfinanzierung AG

- Die Rechtsform der **AG** eignet sich vor allem für Unternehmen mit einem **hohen Bedarf an Beteiligungskapital**.
- Der Mindestnennbetrag des **Grundkapitals** lautet auf **50.000€** (§ 7 AktG). Das Grundkapital ist in Nennwert- oder Stückaktien aufgeteilt.
- Der **Vorstand** (§§ 76 bis 94 AktG) **leitet** die **Gesellschaft** unter eigener Verantwortung und ist das alleinige Geschäftsleitungs- und Vertretungsorgan. Der **Aufsichtsrat** (§§ 95 bis 116 AktG) hat die Aufgabe, die **Geschäftsleitung** zu **bestellen**, überwachen, beraten und abzuberufen. Er setzt sich aus Vertretern der **Aktionäre und Arbeitnehmer** zusammen. Die **Hauptversammlung** (§§ 118 bis 147 AktG) beschließt als Organ der Aktionäre über die im Gesetz oder in der Satzung bestimmten Fälle, z.B. **Verwendung** des **Bilanzgewinns**, **Satzungsänderungen**, **Kapitalbeschaffung** und -herabsetzung.
- Grundsätzlich wird das **Stimmrecht** auf der Hauptversammlung **nach Aktiennennbeträgen**, bei **Stückaktien nach** deren **Zahl** ausgeübt.

Beteiligungsfinanzierung AG

- **Aktien** verbriefen **Mitgliedschaftsrechte** an einer AG. Die Aktienurkunden sind **Wertpapiere**.
- **Alle vorhandenen Aktien** ergeben vom Nennwert her zusammengerechnet das **Grundkapital** der AG.
- Zu den Hauptrechten des **Aktionärs** zählt das **Stimmrecht** auf der Hauptversammlung sowie das Recht auf den Erhalt einer **Dividende**, falls die AG die Ausschüttung einer solchen beschlossen hat.
- Die **Rendite** besteht bei Aktien aus der **ausgeschütteten Dividende** und aus dem **Kursgewinn**.
- **Nennwertaktien** lauten auf einen Nennbetrag von mindestens 1€. Die Summe der Aktiennennwerte entspricht der Höhe des Grundkapitals. Der Anteil am Grundkapital bestimmt sich nach dem Verhältnis des Nennbetrags zum Grundkapital. Hat eine AG beispielsweise sowohl 1€-Aktien als auch 10€-Aktien ausgegeben, so verfügt der Inhaber der 1€- Aktie über ein Stimmrecht, während der Inhaber der 10€-Aktie zehn Stimmrechte hat.
- Die **Stückaktie** verkörpert einen Anteil, mit dem der Aktionär am Grundkapital beteiligt ist. Wenn eine Aktiengesellschaft z.B. das Grundkapital um 10 Mio. € erhöht und dazu 10 Mio. Aktien emittiert, ergibt sich ein rechnerischer Anteil am Grundkapital von 1 € je Stückaktie. Stückaktien haben keinen festen Wert, aber einen gleich hohen Wertanteil im Gegensatz zu Nennwertaktien.

Beispiel Beteiligungsfinanzierung

Aktiva	**Bilanz**	Passiva
AV 550		Grundkapital 100
UV 150		Kapitalrücklage 110
		Gewinnrücklagen 120
		Verbindlichkeiten 370

Die AG will das Grundkapital um 20 Mio. € erhöhen und emittiert 20 Mio. Stückaktien (also mit einem rechnerischen Anteil am Grundkapital von je 1 €) zum Preis von je 8 €.

Aktiva	**Bilanz**	Passiva
AV 550		Grundkapital **120**
UV **310**		Kapitalrücklage **250**
		Gewinnrücklagen 120
		Verbindlichkeiten 370

Das Grundkapital erhöht sich um 20 Mio. € und die Kapitalrücklage um 140 Mio. € (7 € mal 20 Mio. Aktien). Die übrigen Passivpositionen bleiben unverändert. Unter der Annahme, dass der gesamte Emissionserlös der AG als liquide Mittel zufließt, steigt das Umlaufvermögen um 160 Mio. €.

Beteiligungsfinanzierung AG

- **Stammaktien** gewähren alle Mitgliedschaftsrechte, die das Aktiengesetz für den üblichen Fall vorsieht. Die Rechte können Verwaltungs- und Vermögensrechte sein.
- **Vorzugsaktien** gewähren dem Aktionär im Verhältnis zum Stammaktionär Vorrechte, die sich auf die Verteilung des Gewinns (Dividendenvorrecht) oder Liquidationserlöses (Vorrecht bei der Befriedigung aus dem Gesellschaftsvermögen bei Liquidation) beziehen können.
- **Dividendenvorzugsaktien**, i.d.R. stimmrechtslose kumulative Vorzugsaktien gewähren den Vorzugsaktionären eine vereinbarte Mindest- oder Mehrdividende. Unternehmen können sich hierdurch Aktienkapital ohne Machtverschiebung beschaffen. Große und internationale Investoren ziehen allerdings Stammaktien vor (One Share One Vote).
- Die Übertragung von **Inhaberaktien** erfolgt formlos durch Einigung und Übergabe gemäß § 929 BGB. Wer im Besitz der Aktie ist, kann die damit verbrieften Rechte geltend machen. Inhaberaktien gewähren dem Aktionär Anonymität und müssen voll eingezahlt sein.
- Entscheidet sich ein Unternehmen für **Namensaktien**, so müssen diese mit den persönlichen Daten des Inhabers im Aktienregister eingetragen werden. Die Vorteile der Namensaktie liegen in ihrer internationalen Verbreitung, der Notierung an der NYSE, der Kenntnis der Aktionäre und der Möglichkeit, die Aktionäre im Rahmen von Investor Relations Maßnahmen gezielt anzusprechen.

Aktiengesellschaft / Börsengang

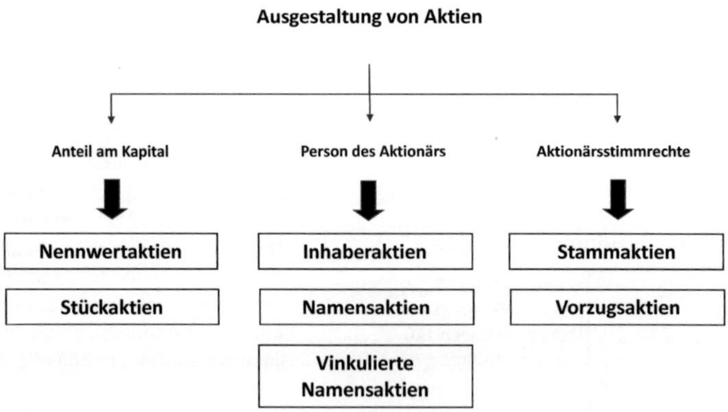

Nennwertaktien

- Nennwertaktien lauten auf einen Nennbetrag von mindestens 1€
- Höhere Nennwerte auf volle Euro
- Ausgabe (Emission) von Aktien unter Nennwert ist verboten
- Der Anteil am Grundkapital bestimmt sich nach dem Verhältnis des Nennbetrags zum Grundkapital.
- Nach dem Prinzip der Gleichheit von Kapital- und Stimmenanteil dienen die Nennbeträge als Basis für das Stimmrecht. Beispiel: Inhaber der 1€- Aktie verfügen über ein Stimmrecht, während Inhaber der 10€-Aktie zehn Stimmrechte haben.
- Üblich ist Ausgabe über Nennwert: Differenz zw. Emissionspreis und Nennwert = Agio → Kapitalrücklage

Stückaktien

- Die Stückaktie verkörpert einen Anteil, mit dem der Aktionär am Grundkapital beteiligt ist.
- Alle Stückaktien sind am Grundkapital im gleichen Umfang beteiligt und das Stimmrecht wird nach der Zahl der Aktien ausgeübt.
- Der auf die einzelne Stückaktie entfallende rechnerische Anteil am Grundkapital muss mindestens 1 Euro sein
- Aktien dürfen nicht für einen geringeren Betrag als den Nennwert oder den auf die Stückaktie entfallenden rechnerischen Nennwert ausgegeben werden.
- Die Differenz zwischen Emissionspreis und (rechnerischem) Nennwert erhöht als Agio die Kapitalrücklage.

Stammaktien

Stammaktien gewähren alle Mitgliedschaftsrechte, die das Aktiengesetz für den üblichen Fall vorsieht. Sie sind der Normaltyp einer Aktie.

Verwaltungsrechte

- Teilnahmerecht auf der Hauptversammlung
- Auskunftsrecht in der Hauptversammlung
- Stimmrecht auf der Hauptversammlung
- Anfechtungsrecht gegenüber Beschlüssen

Vermögensrechte

- Anspruch auf Dividende
- Bezugsrecht für junge Aktien
- Recht auf Beteiligung am Liquidationserlös

Vorzugsaktien

Vorzugsaktien gewähren dem Aktionär im Verhältnis zum Stammaktionär Vorrechte, die sich auf die Verteilung des Gewinns oder Liquidationserlöses beziehen können (§ 11 AktG):

- Vorzüge bei der Gewinnverteilung: Der Vorzugsaktionär hat gegenüber dem Stammaktionär ein Dividendenvorrecht
- Vorzüge beim Anteil am Liquidationserlös: Der Vorzugsaktionär hat Sonderrechte bei der Auflösung der Gesellschaft, z.B. das Recht auf Befriedigung aus dem Gesellschaftsvermögen, bevor der Stammaktionär ausgezahlt wird.

Die wichtigste Vorzugsaktie ist die stimmrechtslose kumulative Vorzugsaktie.

- Kumulativ: Die Aktien haben einen nachzuzahlenden Dividendenvorzug
- Stimmrechtslos: Das Stimmrecht lebt nur dann auf, wenn der Vorzugsbetrag in einem Jahr nicht oder nur zum Teil gezahlt wird und der Rückstand im folgenden Jahr nicht nachgezahlt wird
- Aber: Stimmrechtslose Vorzugsaktien dürfen maximal die Hälfte des Grundkapitals betragen

Inhaberaktien

- Übertragung der Aktien erfolgt formlos durch Einigung und Übergabe des Papiers, bzw. durch Umbuchung zwischen den Depots.
- Wer im Besitz der Aktie ist, kann die damit verbrieften Rechte geltend machen.
- Inhaberaktien gewähren dem Aktionär Anonymität.
- Bedingung: Die Aktien müssen voll eingezahlt sein

Namensaktien

- Aktien lauten auf Namen des Aktionärs
- Übertragung erfolgt durch Zession oder Indossament und es erfolgt eine Umschreibung im Aktienbuch. Es gilt derjenige als Aktionär, der im Aktienbuch eingetragen ist. Vorteil dieser Aktienart: die Gesellschaft erhält Information über die Identität der Aktionäre.
- Aktien müssen als Namensaktien emittiert werden, wenn nicht der volle Einlagebetrag (Nennwert + Agio) geleistet wird, da so festgestellt werden kann, vom ausstehende Einlagen eingefordert werden können.
- Sonderform = vinkulierte Namensaktie: Übertragung ist an Zustimmung der AG gebunden; so kann der Eintritt unerwünschter (Groß)Aktionäre verhindert werden.

Kapitalerhöhung gegen Einlagen

- durch Bar- oder Sacheinlagen = ordentliche Kapitalerhöhung
- Erfolgt durch die Ausgabe (Emission) neuer (junger) Aktien
- Voraussetzung: Genehmigung mit 3/4-Mehrheit in der Hauptversammlung der AG

Bezugsrecht

- Bei Kapitalerhöhungen wird ein einheitlicher Preis für alle jungen Aktien festgelegt
- Der Emissionspreis liegt so weit unter dem aktuellen Marktkurs der alten Aktien, dass es durch einen Kursrückgang nicht passieren kann, dass der Börsenkurs der alten Aktie unter den Emissionskurs der neuen Aktie sinkt.
- Da man Neuaktionären, die junge Aktien zu einem niedrigeren Emissionskurs erworben haben nicht dieselben Ansprüche und Rechte zubilligen kann wie Altaktionären, die Altaktien zu einem höheren Preis erworben haben, müssen die Käufer junger Aktien eine Ausgleichszahlung an die Altaktionäre leisten. Sie müssen sich das Bezugsrecht von den Altaktionären kaufen.
- Das Bezugsrecht ist demnach das Recht der Altaktionäre, ihrem bisherigen Anteil entsprechend neue Aktien zum Emissionspreis zu kaufen.

Rechnerischer Wert des Bezugsrechts

$$\text{Wert} = \frac{\text{Kurs alte Aktien} - \text{Preis junge Aktien}}{\text{Bezugsverhältnis} + 1}$$

$$\text{Bezugsverhältnis} = \frac{\text{Bisheriges Grundkapital}}{\text{Grundkapitalerhöhung}}$$

Kapitalerhöhung AG

- Die **Kapitalerhöhung gegen Einlagen** (§§ 182 bis 191 AktG) bezeichnet man auch als ordentliche Kapitalerhöhung. Sie erfolgt durch die **Ausgabe junger (neuer) Aktien** gegen Barzahlung oder Sacheinlage.
- Nach Zeichnung der neuen Aktien und Leistung der geforderten Einlagen kann die Durchführung der Kapitalerhöhung in das Handelsregister eingetragen werden. Erst mit dieser Eintragung gilt das Grundkapital als erhöht und die Gesellschaft kann die neuen Aktien ausgeben. Die **Differenz zwischen Emissionspreis und Mindestbetrag** heißt **Agio** (Aufgeld) und erhöht die Kapitalrücklage.
- Gemäß § 186 Abs. 1 AktG hat der Aktionär bei einer ordentlichen Kapitalerhöhung das Recht, eine seinem bisherigen Anteil am Grundkapital entsprechende Anzahl von **Aktien zum Emissionspreis** (unter dem Kurs der alten Aktien) zu **erwerben**. So kann jeder Aktionär sein Stimmrechtsanteil wahren, seinen Anteil am Gesellschaftsvermögen erhalten, sowie seine Aktien vor einem Wertverlust schützen.

Kapitalerhöhung AG

- Eine AG erhöht ihr Grundkapital von 60 Mio. € auf 80 Mio. €. Der Börsenkurs der alten Aktie beträgt 40 €, der Ausgabepreis der neuen Aktie 32 €.
- Ermitteln Sie das **Bezugsverhältnis** (auf wie viele Altaktien eine junge bezogen werden kann), sowie den **rechnerischen Wert pro Aktie** nach Durchführung der Kapitalerhöhung.

Kapitalerhöhung AG

- Eine AG erhöht ihr Grundkapital von 60 Mio. € auf 80 Mio. €. Der Börsenkurs der alten Aktie beträgt 40 €, der Ausgabepreis der neuen Aktie 32 €. Das Bezugsverhältnis gibt an, auf wie viele alte Aktien eine junge bezogen werden kann. Somit liegt folgendes Bezugsverhältnis vor:
- Bezugsverhältnis = Bisheriges Grundkapital / Grundkapitalerhöhung
- **Bezugsverhältnis** = 60 / 20 = **3**
- Besteht ein Bezugsrecht, erhält jeder Altaktionär gemäß Bezugsverhältnis für drei alte Aktien im Wert von je 40€ eine neue Aktie zum Preis von 32€; insgesamt hat er danach vier Aktien im Wert von 152 €.
- Nach Durchführung der Kapitalerhöhung beläuft sich der rechnerische Wert pro Aktie auf 38 € (152€ geteilt durch 4 Aktien). Die alte Aktie erleidet einen **Wertverlust** von **2€**. Dieser Verlust entspricht dem rechnerischen Wert des Bezugsrechts, der sich ermittelt aus der Differenz zwischen dem Kurs der alten Aktie (cum Bezugsrecht) und dem Emissionspreis der jungen Aktie geteilt durch das Bezugsverhältnis plus eins:
- Rechnerischer Wert des Bezugsrechts = (Kurs alte Aktien - Preis junge Aktien) / Bezugsverhältnis +1
- Rechnerischer Wert des Bezugsrechts = (40€ - 32€) / (3+1) = **2€** (=Wertverlust der Altaktie)

Kapitalerhöhung AG

- Bei der **bedingten Kapitalerhöhung** wird die **Verwendung** der **zusätzlich emittierten Aktien** an bestimmte **Bedingungen** gekoppelt (§ 192 AktG). Das übrige Prozedere entspricht dem der ordentlichen Kapitalerhöhung.
- Bedingte Kapitalerhöhungen dienen meist dazu, Ansprüche aus Wandel- und Optionsanleihen zu befriedigen oder so genannte **Stock-Option-Programme für Arbeitnehmer** aufzulegen. Altaktionären steht hier kein Bezugsrecht zu. Der Nennbetrag der insgesamt ausgegebenen Papiere darf bei bedingten Kapitalerhöhungen die **Hälfte des Grundkapitals** der Gesellschaft nicht überschreiten.

Kapitalerhöhung AG

- Bei der **genehmigten Kapitalerhöhung** (§§ 202 bis 206 AktG) ermächtigt die Hauptversammlung den Vorstand für einen Zeitraum von höchstens **5 Jahren**, das Grundkapital um einen bestimmten Nennbetrag (genehmigtes Kapital) durch Ausgabe neuer Aktien gegen Einlagen zu erhöhen. Das genehmigte Kapital darf höchstens **50 % des** zum Zeitpunkt der Ermächtigung **vorhandenen Grundkapitals** betragen.
- Zweck ist es, dem Vorstand eine größere Dispositionsfreiheit bei der Ausgabe junger Aktien – insbesondere zur Nutzung günstiger Kapitalmarktsituationen – zu gewähren. Der Vorstand kann dann mit Zustimmung des Aufsichtsrats flexibel darüber entscheiden, **zu welchen Bedingungen, zu welchem Zeitpunkt und bis zu welchem Umfang junge Aktien emittiert werden** oder ob überhaupt keine Aktien ausgegeben werden sollen. Außerdem kann die Satzung die Ausgabe von Belegschaftsaktien auch durch genehmigtes Kapital zulassen.

Kapitalerhöhung AG

- Bei der **Kapitalerhöhung aus Gesellschaftsmitteln** fließen dem Unternehmen keine zusätzlichen Finanzmittel zu. Es liegt eine Kapitalumschichtung dergestalt vor, dass Kapital- und Gewinnrücklagen in Grundkapital umgewandelt werden (Passivtausch).
- Es findet ein Aktiensplit statt
- Der Anteil der Aktionäre am Grundkapital bleibt unverändert, da sich die Anzahl der Aktien erhöhen und sich gleichzeitig der Kurswert der Aktie verringert.

Beispiel Kapitalerhöhung aus Gesellschaftsmitteln

Aktiva	**Bilanz**	Passiva
	Grundkapital	**20**
	Rücklagen	**60**
	Eigenkapital	**80**

Die Hauptversammlung einer AG beschließt, das Grundkapital aus Gesellschaftsmitteln im Verhältnis 2 zu 1 von 20 Mio. € auf 30 Mio. € durch die Umwandlung offener Rücklagen zu erhöhen. Die Ausgabe der jungen Aktien erfolgt wie die alten Aktien mit einem Nennwert von 5 €.

Aktiva	**Bilanz**	Passiva

Zahl der Aktien: 20 Mio / 5€ = 4 Mio Stück

Kurs pro Aktie: 45€

6000 Stück Aktien sind bei 45€ pro Aktie 270.000€ wert.

Beispiel Kapitalerhöhung aus Gesellschaftsmitteln

Aktiva	**Bilanz**	Passiva
	Grundkapital	20
	Rücklagen	60
	Eigenkapital	80

Die Hauptversammlung einer AG beschließt, das Grundkapital aus Gesellschaftsmitteln im Verhältnis 2 zu 1 von 20 Mio. € auf 30 Mio. € durch die Umwandlung offener Rücklagen zu erhöhen. Die Ausgabe der jungen Aktien erfolgt wie die alten Aktien mit einem Nennwert von 5 €.

Aktiva	**Bilanz**	Passiva
	Grundkapital	30
	Rücklagen	50
	Eigenkapital	80

Zahl der Aktien: 30 Mio / 5€ = 6 Mio Stück (1/3 mehr Aktien)

Kurs pro Aktie: 30€ (um 1/3 niedrigerer Kurs)

9000 Stück Aktien (1/3 mehr) sind bei 30 € pro Aktie 270.000€ wert.

Kapitalerhöhung AG

- Das Aktiengesetz erlaubt seit Inkrafttreten des Gesetzes zur Kontrolle und Transparenz im Unternehmensbereich (KonTraG) vom 27.4.1998 (BGBl. I 780) unter gewissen Auflagen den **Rückkauf der eigenen emittierten Aktien**.
- Neben der Erlaubnis, Aktien zurückzukaufen, um einen schweren, unmittelbar bevorstehenden Schaden von der Gesellschaft abzuwenden und einer Reihe anderer genau festgelegter Gründe, kann die Hauptversammlung den Vorstand ermächtigen, **bis zu zehn Prozent der Anteile zurückzukaufen**. Sie kann die Erlaubnis an einen bestimmten Zweck koppeln und Angaben zu dem Betrag machen, der für den Rückkauf genehmigt werden soll. Die Erlaubnis gilt für eine Frist von fünf Jahren.
- Durch einen Aktienrückkauf können Unternehmen **Eigenkapital an die Investoren zurückgewähren**. Dieses Instrument bietet sich im Einzelfall an, wenn das Unternehmen einen außerordentlichen und ungewöhnlich hohen Gewinn erwirtschaftet hat, z.B. durch den Verkauf von Betriebsgrundstücken. Können diese Mittel nicht rentabel investiert werden, etwa weil sie für ein angemessenes Wachstum des Unternehmens nicht benötigt werden, können sie zur Steigerung des Werts der Investition für den Aktionär verwendet werden: Ein Aktienrückkaufprogramm lässt i.d.R. eine **Steigerung des Aktienkurses** und damit des **Gewinns pro Aktie** erwarten. Der Aktienkurs ergibt sich aus der Multiplikation des Gewinns je Aktie mit ihrem spezifischen Kurs-Gewinn-Verhältnis. Faktisch kann der Aktienrückkauf aber auch dazu genutzt werden, Übernahmeversuche zu erschweren.

Beispiel Kapitalerhöhung AG

Aktiva		Bilanz	Passiva
Anlageverm.	400	Grundkapital	120
Vorräte	220	Gesetzl. Rückl.	140
Liq.Mittel	210	Freie Rückl.	120
		Kapitalrückl.	100
		Verbindlichk.	350

Aktiva **Bilanz** Passiva

Die AG erwirbt 10 Mio. Aktien im Nennbetrag von je 1 € für insgesamt 100 Mio. €. In Höhe dieser Anschaffungskosten verringern sich die liquiden Mittel. Auf der Passivseite ist der Gesamtnennbetrag der erworbenen eigenen Aktien in Höhe von 10 Mio. € in der Vorspalte offen vom Grundkapital abzuziehen. Der Unterschiedsbetrag zwischen den Anschaffungskosten und dem Gesamtnennbetrag (90 Mio. €) verringert die freien Gewinnrücklagen (möglich wäre auch eine vollständige oder teilweise Verrechnung mit der Kapitalrücklage)

Beispiel Kapitalerhöhung AG

Aktiva		Bilanz	Passiva
Anlageverm.	400	Grundkapital	120
Vorräte	220	Gesetzl. Rückl.	140
Liq.Mittel	210	Freie GewRück	120
		Kapitalrückl.	100
		Verbindlichk.	350

Aktiva		Bilanz	Passiva
Anlageverm.	400	Grundkapital	120
Vorräte	220	- Eigene Anteile	10
Liq.Mittel	110	Gesetzl. Rückl.	140
		Freie GewRück	30
		Kapitalrückl.	100
		Verbindlichk.	350

Die AG erwirbt 10 Mio. Aktien im Nennbetrag von je 1 € für insgesamt 100 Mio. €. In Höhe dieser Anschaffungskosten verringern sich die liquiden Mittel. Auf der Passivseite ist der Gesamtnennbetrag der erworbenen eigenen Aktien in Höhe von 10 Mio. € in der Vorspalte offen vom Grundkapital abzuziehen. Der Unterschiedsbetrag zwischen den Anschaffungskosten und dem Gesamtnennbetrag (90 Mio. €) verringert die freien Gewinnrücklagen (möglich wäre auch eine vollständige oder teilweise Verrechnung mit der Kapitalrücklage)

Going Public (Börsengang)

- Going Public (Initial Public Offering) bedeutet, dass sich ein Unternehmen entschließt, **erstmals Aktien zu emittieren**.
- Die **Ausgabe** der Aktien erfolgt **am Primärmarkt** (Markt für das Zusammentreffen der Emittenten und der Investoren)
- Nach Durchführung der Emission werden die Aktien an einer Börse notiert oder außerbörslich (Over the Counter) **gehandelt** (**Sekundärmarkt**)

Gründe für einen Börsengang

- Gründe für einen Börsen können sein:
- **Beteiligungsfinanzierung**: neues Eigenkapital durch externe Kapitalgeber
- **Bekanntheitsgrad**: sich bekanntmachen am Markt
- **Personalpolitik**: durch Aktienoptionen wird das Unternehmen für Mitarbeiter interessanter
- **Nachfolgeregelung**: durch die Trennung von Führungs- und Kapitalgeberfunktionen können die Altgesellschafter die Unternehmenskontinuität wahren und gleichzeitig ihre Nachfolge regeln.
- **Privatisierung**: staatlicher Unternehmen (z.B. Telekom)
- **Spin-offs**: Unternehmen verkaufen Teilbereiche, die nicht dem Kerngeschäft entsprechen
- **Verkauf von Beteiligungen**: Möglichkeit v.a. für Venture-Capital- und Private-Equity-Gesellschaften ihre Anteile an den finanzierten Unternehmen zu verkaufen

Phasen eines Börsengangs

1. **Gestaltung der Voraussetzungen**: evtl. Rechtsformwechsel und Festlegung der Ziele
2. **Wahl des Emissionskonsortium** (zeitlich begrenzte Vereinigung von Banken zur Durchführung der Emission):
   a) **Übernahmekonsortium**: Das Konsortium **übernimmt** die **Aktien zu** einem **festen Preis**. Das Konsortium trägt also das Platzierungsrisiko.

   b) **Begebungskonsortium**: Das Konsortium **übernimmt** lediglich den **Vertrieb der Aktien**. Das Platzierungsrisiko verbleibt beim Emittenten.

   c) **Kombination**: Das Konsortium **übernimmt** die **Aktien zu** einem **festen Preis** und besorgt zugleich den **Vertrieb** der Aktien.
3. **Due Diligence** (Prüfung mit gebührender Sorgfalt): Das Emissionshaus analysiert und **bewertet das Unternehmen** mit dem Ziel, das Leistungspotenzial, die wesentlichen Chancen und Risiken für die zukünftige Unternehmensentwicklung zu ermitteln

Phasen eines Börsengangs

4. Festlegung des Börsensegments: ein Unternehmen kann zwischen den Segmenten „regulierter Markt" und „Freiverkehr“ wählen, welche sich bezüglich der Zulassungsvoraussetzungen, Handelsabwicklung und Kosten unterscheiden.

5. Equity Story und Roadshows: Darstellung der Unique Selling Proposition (USP) und Marketingveranstaltungen zwecks **Aktienvertrieb**

6. Preisfindung

7. Zeichnung und Zuteilung der Aktien: Interessierte Anleger müssen die Aktien innerhalb einer festen Frist zeichnen (Subskription), wodurch sie sich **verpflichten**, eine **bestimmte Anzahl** von Aktien bis **zu** einem **bestimmten Betrag** zu **erwerben**. Nach Ablauf der Frist erfolgt die Aktienzuteilung. Übersteigt die Nachfrage das Angebot (Überzeichnung) vor, ist eine **Repartierung** erforderlich.

8. Aufnahme des Börsenhandels: Bei starken Kursschwankungen **stabilisiert** das Emissionskonsortium die **Kurse durch Kauf oder Verkauf** von Aktien.

Emissionsverfahren

- **Emittent** und **Altaktionäre** sind an einem **hohen Emissionspreis** interessiert, um ihren Eigenkapitalzufluss, bzw. ihre Gewinnchancen bei Aktienverkauf zu maximieren. **Anleger** und **Konsortium** sind an einem **niedrigen Emissionspreis** interessiert, um durch Kurssteigerungen Gewinne zu verbuchen, bzw. um das Risiko durch Kursrückgänge zu minimieren.
- Im Rahmen der Preisfindung stehen drei **Emissionsverfahren** zur Auswahl:
- **Festpreisverfahren**: Emittent und Emissionskonsortium vereinbaren einen **festen Preis**, zu dem die Aktien ausgegeben werden
- **Bookbuildingverfahren**: Preisfindung, die sich nach den **Kauf- geboten der Investoren innerhalb einer Preisspanne** richtet
- **Auktionsverfahren**: Nach Festlegung eines **Mindestpreises** für die Aktie gehen die **Kaufgebote der Investoren** ein. Die Zuteilung der Aktien erfolgt entweder zum minimalen Einheitspreis (holländisches Verfahren) oder zum jeweils gebotenen individuellen Preis (amerikanisches Verfahren).

Gliederung

Kreditfinanzierung

- Bei der Kreditfinanzierung wird dem Unternehmen **Fremdkapital zugeführt**, **ohne** dass der Geldgeber **Anteilseigner** wird.
- Bei der Fremdfinanzierung durch Kredite entsteht für den Kreditgeber lediglich der **Anspruch auf Zins und Tilgung** für die bereitgestellte Geldmenge, im Insolvenzfall auch der Anspruch auf einen Teil der Insolvenzmasse.
- Der Gläubiger (= Kreditgeber) hat weder das Recht auf Mitbestimmung innerhalb des Unternehmens, noch muss er für das Handeln des Schuldners (= Kreditnehmer) in irgendeiner Form haften.
- Es ist zu beachten, dass das **Kapital** dem Schuldner i.d.R. nur **für eine bestimmte Dauer überlassen** wird (z.B. Kreditdauer 5 Jahre).

Merkmale von Krediten

- Unternehmen beschafft sich **Fremdkapital von außen**
- Unternehmen ist Schuldner
- **Kapitalgeber** sind **Gläubiger**, sie
  - haben **keine** unternehmerischen **Verwaltungsrechte**
  - **haften nicht** für Verluste und andere Verbindlichkeiten des Schuldners
  - haben **Anspruch auf Zinsen** (aber **nicht auf** eine **Gewinnbeteiligung**)
  - **bis** zum **Ende der Laufzeit** muss der **Nominalbetrag getilgt** sein

Merkmale von Krediten

- Bei der **Mezzanine**-Finanzierungsformen handelt es sich um eine **Mischfinanzierung** zwischen Eigen- und Fremdkapital, welche folgende Merkmal aufweisen:
  - In manchen Fällen haben die **Kapitalgeber** unternehmerische **Verwaltungsrechte**.
  - Die **Haftung** der Kapitalgeber ist im Regelfall **auf** die Höhe der **Einlage begrenzt**. Die Kapitalgeber haben Anspruch auf einen vereinbarten Zins und/oder auf Gewinnbeteiligung.
  - Die **Laufzeit** ist meistens **befristet**, wobei der Kapitalgeber das Recht hat, den Betrag bis zum Ende der Laufzeit zum Nominalwert - gegebenenfalls zuzüglich Wertsteigerungen - zurückzuerhalten.

Kreditfähigkeit

- Natürliche Personen sind kreditfähig, wenn sie **unbeschränkt geschäftsfähig** (i.d.R. bei erreichen der Volljährigkeit) sind.
- Bei **juristischen Personen** (Kapitalgesellschaften & Personen des öffentlichen Rechts) und Personenhandelsgesellschaften (OHG & KG) hat der Kapitalgeber zu prüfen hat, wie die **Vertretungsbefugnisse** geregelt sind.

Kreditwürdigkeit

- Ziel der Kreditwürdigkeitsprüfung (Rating) und -überwachung (Monitoring) ist es, das Ausfallrisiko des Kapitalgebers zu reduzieren. Das Kreditausfallrisiko besteht darin, dass der Kapitalnehmer die Zinsen und Tilgungen nicht mehr zahlen kann.
- Bankinternes Rating bedeutet, dass die Kreditinstitute selbst die Kreditbewertung durchführen.
- Ratingagenturen sind Unternehmen, die Schuldverschreibungen, Kredite und Schuldner hinsichtlich ihres Risikos bewerten und das in einer Skala zusammengefasste Ergebnis veröffentlichen.
- Bei Schuldverschreibungen (Wertpapiere, in denen sich der Aussteller zur Zahlung einer bestimmten verzinslichen Geldsumme oder zu einer sonstigen Leistung an den Gläubiger verpflichtet) kann man zwischen Emissions- und Emittentenrating unterscheiden:
- Emissionsrating: Objekt der Bewertung ist eine bestimmte Schuldverschreibung. Für die Note entscheidend ist nicht unbedingt die Bonität des Emittenten, sondern vielmehr die spezifische Gestaltung der Schuldverschreibung (z.B. Sicherheiten und Laufzeiten).
- Emittentenrating: Die Beurteilung bezieht sich auf die Bonität des Emittenten insgesamt. Emittentenratings gibt es für Industrieunternehmen, Banken, Versicherungsgesellschaften, Staaten, Gebietskörperschaften usw. Emissions- und Emittentenrating desselben Emittenten können durchaus voneinander abweichen.
- Ein gutes Rating signalisiert den potenziellen Investoren eine hohe Kreditwürdigkeit, was zu einer Verringerung der Zinskosten führen kann.

Ratingstufen

Moody's		Standard & Poor's		Fitch		Kurzbeschreibung
langfristig	kurzfristig	langfristig	kurzfristig	langfristig	kurzfristig	
Aaa	P-1	AAA	A-1+	AAA	F1+	sehr sichere Anlage
Aa1		AA+		AA+		sichere Anlage
Aa2		AA		AA		
Aa3		AA-		AA-		
A1		A+	A-1	A+	F1	sichere Anlage *(sofern Rahmenbedingungen stabil)*
A2		A		A		
A3	P-2	A-	A-2	A-	F2	
Baa1		BBB+		BBB+		durchschnittlich sichere Anlage
Baa2	P-3	BBB	A-3	BBB	F3	
Baa3		BBB-		BBB-		
Ba1	not prime	BB+	B	BB+	B	spekulative Anlage
Ba2		BB		BB		
Ba3		BB-		BB-		
B1		B+		B+		hochspekulative Anlage
B2		B		B		
B3		B-		B-		
Caa1		CCC+	C	CCC	C	höchstspekulative Anlage
Caa2		CCC				
Caa3		CCC-				
Ca		CC				
		C				
C		D	-	DDD DD D	-	Zahlungsausfall

Basel II & Basel III

- Die Begriffe Basel II und Basel III bezeichnen die **Vorschläge und Rahmenvereinbarungen** des Baseler Ausschusses für Bankenaufsicht über die **Eigenkapitalausstattung von Kreditinstituten**.
- Basel II: **8 % Eigenmittel** (von Kapitalgebern gegen eine Rendite zu Verfügung gestellt) bei Kreditvergabe an ein Industrieunternehmen
- Basel III: **Verschärfte Regulierungsvorschläge** zur Stärkung der Widerstandsfähigkeit der Banken gegenüber Schocks aus Stresssituationen, Verbesserung des Risikomanagements und der Führungsstrukturen sowie Erhöhung der Transparenz und Offenlegung der Banken. Es ändert sich die Zusammensetzung des Mindestkapitals, und zusätzlich sind mehrere Kapitalpuffer einzubeziehen.

Kundenanzahlungen

- Merkmal der Kundenanzahlung ist, dass die **Abnehmer** einer Ware oder Dienstleistung **Vorauszahlungen an den Lieferanten leisten**. Die Abnehmer zahlen einen **Teilbetrag** – seltener die Gesamtsumme – vor Erhalt der Ware bzw. Dienstleistung. Im Gegensatz zum Lieferantenkredit ist der **Verkäufer Kreditnehmer,** während der **Käufer** als **Kreditgeber** fungiert.
- Gebräuchlich sind Kundenanzahlungen bei **Auftragsfertigungen** wie im Fall des Baus von Schiffen und Flugzeugen oder der Errichtung von Großanlagen und Immobilien. Auch bei alltäglichen Geschäften, z.B. bei der **Buchung von Urlaubsreisen** im Reisebüro, werden Vorauszahlungen verlangt.

Kurzfristige Bankkredite - Kontokorrentkredite

- Bei diesen Krediten treten als Kreditgeber Banken und Sparkassen und andere Institutionen auf.
- Der Kontokorrentkredit stellt einen **Kredit in laufender Rechnung** dar, den die Banken ihren Kunden gewähren. Die Abwicklung erfolgt über ein Kontokorrentkonto, wobei eine Kreditlinie (Kreditlimit) eingeräumt wird. Die Banken gewähren die Kredite bis auf weiteres oder bis zu einer vereinbarten Frist, wobei laufende Prolongationen üblich sind.
- Kontokorrentkredite eignen sich für den Kreditnehmer als **flexibles** Instrument, weil er über die Höhe je nach Finanzmittelbedarf verfügen und es zur Erfüllung seiner schwankenden, kurzfristig fälligen Zahlungsverpflichtungen verwenden kann.
- Dem Vorteil der Flexibilität stehen die relativ **hohen Kosten** (Zinsen, Gebühren) des Kontokorrentkredits gegenüber

Finance Leasing

- Die Finance-Leasing-Verträge laufen über mehrere Jahre. **Während** der vereinbarten **Grundmietzeit**, die üblicherweise **kürzer als die betriebsgewöhnliche Nutzungsdauer des Objekts** ist, sind die **Verträge unkündbar**. Die **Investitionsrisiken** (Objektrisiken) wie z.B. zufälliger Untergang, Wertminderung und Funktionsunfähigkeit hat der **Leasingnehmer zu tragen**.
- Hinsichtlich der Vertragsgestaltung ist außerdem zwischen Voll- und Teilamortisation zu differenzieren. Bei einem **Vollamortisationsvertrag decken** die **Leasingraten**, die während der Grundmietzeit zu leisten sind, **sämtliche Kosten und Gewinnmargen des Leasinggebers**. Dazu zählen Anschaffungs- oder Herstellungskosten, Refinanzierungskosten, Service-, Verwaltungs- und Vertriebskosten, Risikokosten, Steuern und Gewinnanteil. Für das **Ende der Grundmietzeit** können die Vertragspartner verschiedene Möglichkeiten vereinbaren:
- **Kaufoption**: Der Leasingnehmer kann das Objekt nach Ablauf der Grundmietzeit erwerben.
- **Mietverlängerungsoption**: Der Leasingnehmer kann den Leasingvertrag verlängern.
- **Rückgabe**: Der Leasingnehmer kann das Objekt an die Leasinggesellschaft zurückgeben.
- In der Praxis überwiegen **Teilamortisationsverträge**. Hierbei ist das Leasingobjekt nach der Grundmietzeit **durch die Leasingraten nur teilweise amortisiert**. Den **Restwert** muss der Leasinggeber durch **Abschlusszahlung**, **Anschlussvermietung** oder **Verkauf** des Objekts zu decken versuchen (Restwerthandling).

Gliederung

I. Investition
II. Finanzierung
   1. Grundlagen
   2. Außenfinanzierung
   3. Innenfinanzierung
      a. Selbstfinanzierung
      b. Abschreibungsfinanzierung
      c. Rückstellungsfinanzierung
   4. Spezielle Finanzierungsformen

Wesen der Innenfinanzierung

Das Unternehmen erwirtschaftet selbst liquide Mittel:

- In einer Periode fließen dem Unternehmen **liquide Mittel aus Umsatzprozessen oder Vermögensumschichtungen** zu
- In derselben Periode steht diesem Zufluss ein <u>geringerer</u> auszahlungswirksamer Aufwand gegenüber

Arten der Innenfinanzierung

Arten

Überschussfinanzierung

- Selbstfinanzierung
- Abschreibungsfinanzierung
- Rückstellungsfinanzierung

Umschichtungsfinanzierung

- Factoring
- Sonstiges

Überschussfinanzierung

Das Unternehmen erwirtschaftet liquide Mittel über Umsatzerlöse

<table>
<tr><td rowspan="4">Umsatz-
erlöse</td><td rowspan="2">Aufwendungen</td><td>Auszahlungs-
wirksam</td><td></td></tr>
<tr><td>Nicht auszah-
lungswirksam</td><td>Abschreibungsfinanzierung
Rückstellungsfinanzierung</td></tr>
<tr><td rowspan="2">Gewinne</td><td>Einbehalten</td><td>Selbstfinanzierung (Thesaurierung)</td></tr>
<tr><td>Ausgeschüttet</td><td></td></tr>
</table>

Gliederung

I. Investition

II. Finanzierung

1. Grundlagen
2. Außenfinanzierung
3. **Innenfinanzierung**
   a. **Selbstfinanzierung**
   b. Abschreibungsfinanzierung
   c. Rückstellungsfinanzierung
4. Spezielle Finanzierungsformen

Selbstfinanzierung

Selbstfinanzierung ist Einbehaltung (Thesaurierung) von Gewinnen

Arten der Selbstfinanzierung

Offene — Stille

Selbstfinanzierung

- Bei der Selbstfinanzierung werden **Gewinne**, die das Unternehmen macht, **nicht ausgeschüttet** – sie bleiben im Unternehmen erhalten. Diese flüssigen Geldmittel können dann für Investitionen herangezogen werden.
- Bei der **offenen Selbstfinanzierung erhöht** der erwirtschaftete Gewinn das **Eigenkapital** (Erhöhung der Bonität).
- Die **stille** (verdeckte) **Selbstfinanzierung** resultiert aus der Bildung stiller Reserven.

Stille Reserven

- Stille Reserven heißen still, weil man ihre Bildung und Auflösung in der Bilanz als Außenstehender nur schwer nachvollziehen kann. Einige der stillen Reserve werden zwangsläufig gebildet, zum Beispiel bei Vermögensgegenständen, die nicht bilanziert werden dürfen (z.B. Geschäfts- oder Firmenwert). Auch die Unterlassung von Zuschreibungen ist vorgegeben, da das Bilanzrecht bei Vermögensgegenständen als Wertobergrenze die Anschaffungskosten vorsieht und bei abgeschriebenen Gegenständen des Umlaufvermögens nicht zugeschrieben werden darf (strenges Niederstwertprinzip).
- Durch die Bildung stiller Reserven wird der **Gewinn reduziert** und somit sind **weniger** gewinnabhängige **Steuern** zu zahlen.

Stille Selbstfinanzierung

Stille Reserve können gebildet werden durch:

- **Unterbewertung von Vermögensteilen**: eine Vermögensposition wird niedriger bewertet, als es dem tatsächlichen Wert entspricht: z.B. bei übertrieben hoher Wertberichtigung einer Forderung.
- **Nichtaktivierung aktivierungsfähiger Vermögensgegenstände**: Hier wird auf die Aufnahme des Vermögensgegenstandes in der Bilanz verzichtet, obwohl dies möglich wäre. Der Gewinn wird dadurch vermindert, dass der Vermögensgegenstand dann sofort abgeschrieben wird. z.B. Verzicht auf die Aktivierung eigener Kosten für selbst erstellte Software.
- **Unterlassung von Zuschreibungen:** Vermögensteile steigen im Wert, der Wertansatz in der Bilanz bleibt jedoch konstant. Beispiel: das Unternehmen hat eine Beteiligung an einem anderen Unternehmen in Form eines Aktienpakets. Nachdem die Aktien zunächst im Kurs gefallen sind und entsprechend abgeschrieben wurden, steigt nun der Kurs. Das Unternehmen kann nun (wenn es sich um eine Personengesellschaft handelt) weiterhin die Aktien zum verminderten Wert ausweisen, obwohl sie mehr wert sind.
- **Überbewertung von Passivposten:** das Unternehmen bildet Rückstellungen in übertriebener hören. Beispiel: Garantie- oder Prozessrückstellungen.

Gliederung

I. Investition
II. Finanzierung
   1. Grundlagen
   2. Außenfinanzierung
   3. **Innenfinanzierung**
      a. Selbstfinanzierung
      b. **Abschreibungsfinanzierung**
      c. Rückstellungsfinanzierung
   4. Spezielle Finanzierungsformen

Abschreibungsfinanzierung

- Bei der Finanzierung aus Abschreibungen besteht der Finanzierungseffekt darin, dass **liquiditätsferne Vermögensgegenstände des Anlagevermögens** (zum Beispiel Autos oder Maschinen) durch planmäßige Abschreibungen **in liquiditätsnahe Positionen** (Fertigprodukte) oder **durch Verkauf** direkt in Finanzmittel **umgewandelt** werden (als Aktivtausch).
- Beispiel: Ein Unternehmen hat einen Gewinn vor Steuern von 100.000€, hierbei sind auch Abschreibungen auf Anlagevermögen von 100.000€ berücksichtigt. Da die Abschreibungen nur die Wertminderung der Maschine erfasst und nicht zu einer Auszahlung führt, beträgt der Liquiditätsüberhang 200.000 €.

Abschreibungsfinanzierung

- Über die Nutzungsdauer einer Maschine (z.B. n = 4 Jahre) verliert die Maschine an Wert und wird abgeschrieben.
- Dieser Wertverlust wird in die zu verkaufenden Produkte eingepreist.
- Durch den Verkauf der Produkte (Umsatzerlöse) erhält das Unternehmen einen Zugang von liquiden Mitteln inklusive der Abschreibungen.
- Die Maschine muss allerdings noch nicht ersetzt werden, die Abschreibung findet buchhalterisch statt, sodass dem Unternehmen zusätzliche liquide Mittel zur Verfügung stehen.

Kapazitätsmultiplikator

- Der Multiplikator setzt in der Beispielsaufgabe folgende Prämissen voraus:
  - Anschaffung des Anfangsbestands aus eigenen Mitteln
  - Neuanschaffungen immer genau Jahresende bzw. Jahresbeginn
  - Maschinen sind gleichartig und haben konstante Wiederbeschaffungspreise
  - Lineare, verdiente Abschreibungen
  - Abschreibungsdauer = Nutzungsdauer
  - Hergestellte Produkte können alle verkauft werden
  - Zinseffekte werden nicht berücksichtigt

- Kapazitätsmultiplikator = 2/(1+1/n); n=einheitliche Nutzungsdauer

---

Beispiel Kapazitätserweiterungseffekt

<u>Beispiel</u>

- Ein Unternehmen hat 10 homogene Maschinen
- Kaufpreis pro Maschine 1.000€
- Nutzungsdauer 4 Jahre mit linearer Abschreibung à 250€ p.a.
- am Jahresende werden die Abschreibungsgegenwerte in gleiche Maschinen zum gleichen Preis reinvestiert und abgeschriebene Maschinen kostenfrei verschrottet
- Restbeträge werden angespart und zum Kauf neuer Maschinen verwendet

Beispiel Kapazitätserweiterungseffekt

Jahr	Anfangs-bestand Maschinen	Ab-schreibungen (€/Jahr)	Kauf von Maschinen am Jahresende	Restbetrag (€)	Abgang an Maschinen am Jahresende
1	10	2.500	2	500	0
2	12	3.000	3	500	0
3	15	3.750	4	250	0
4	19	4.750	5	0	10
5	14	3.500	3	500	2
6	15	3.750	4	250	3
7	16	4.000	4	250	4
8	16	4.000	4	250	5
9	15	3.750	4	0	3
10	16	4.000	4	0	4

- Periodenkapazität steigt aufgrund Kapazitätserweiterungseffekt über Anfangsbestand von 10 Maschinen
- Langfristig pendelt sich Bestand auf 16 Maschinen ein: +60% Kapazität

Gliederung

I. Investition
II. Finanzierung
  1. Grundlagen
  2. Außenfinanzierung
  3. **Innenfinanzierung**
     a. Selbstfinanzierung
     b. Abschreibungsfinanzierung
     c. **Rückstellungsfinanzierung**
  4. Spezielle Finanzierungsformen

Rückstellungsfinanzierung

- Rückstellungen werden für **Verpflichtungen** gebildet, deren genaue Höhe und oder Fälligkeit **ungewiss** sind, und dem Fremdkapital zugerechnet. Mögliche Rückstellungen sind Pensionsrückstellungen, Rückstellungen für Prozessrisiken, Garantieansprüche oder Steuernachzahlungen.
- Die Bildung der Rückstellung ist mit einer entsprechenden **Aufwandsbuchung** (Aufwendungen an Rückstellungen) verbunden, die letztlich den zu versteuernden **Gewinn mindert** und damit zu einer Verringerung der Gewinnssteuerzahlung und der **maximalen Gewinnsausschüttung** führt.
- Der **Finanzierungseffekt** aus der Vermeidung von Liquiditätsabflüssen **endet, wenn die Rückstellung aufgelöst wird**. Dann entsteht entweder ein Liquiditätsabfluss (wie Pensionszahlungen oder Steuerzahlungen) oder die Rückstellung wird ertragswirksam aufgelöst. Letzteres führt dazu, dass die zunächst vermiedene Steuerzahlung und Gewinnausschüttung nachgeholt wird.

Rückstellungsfinanzierung

- Rückstellungen werden für zukünftige Verbindlichkeiten gebildet, die definitiv eintreten werden, deren Höhe und Fälligkeit zum jetzigen Zeitpunkt aber nicht bekannt sind.
- Rückstellungen sind somit dem Fremdkapital zuzuordnen.
- Werden Rückstellungen gebildet, mindert dies den Gewinn des Unternehmens und mehr Kapital verbleibt im Unternehmen. Dieses verbleibende Kapital kann für verschiedene Finanzierungszwecke eingesetzt werden.
- Rückstellungen können gebildet werden für:
  - Prozessrückstellungen
  - Pensionsrückstellungen
  - Steuerrückstellungen
  - Rückstellungen für Verpflichtung aus Garantieleistungen

Rückstellungsfinanzierung

- Rückstellungen sind Verbindlichkeiten, die nach ihrem Verpflichtungsgrund, ihrer Höhe und/oder ihrem Fälligkeitstermin ungewiss sind
- Sie sind Aufwendungen, die in der Rechnungsperiode verursacht worden sind, aber erst in einer späteren Periode voraussichtlich zu Auszahlungen oder Mindereinzahlungen führen
- Rückstellungen z.B. für
  - Pensionen, Steuern, JA-Kosten, Prozesskosten, Garantie-verpflichtungen, Eventualverbindlichkeiten aus Bürgschaften
  - drohende Verluste aus schwebenden Geschäften (z.B. Termingeschäft)
  - unterlassene Aufwendungen für Instandhaltungen (Nach-holungspflicht innerhalb von drei Monaten des nächsten GJ)
  - Gewährleistungen

Rückstellungsfinanzierung

- Finanzierungswirkung:
  - die über Umsatzerlöse verdienten Rückstellungsaufwendungen fließen als liquide Mittel in Unternehmen zurück und
  - Rückstellungsaufwendungen führen in dieser Periode zu keinen Auszahlungen,
  - sondern erst in der Zukunft
- Finanzierungseffekt ist umso stärker,
  - je höher Rückstellungsvolumen
  - je länger Zeitraum zwischen Bildung und Inanspruchnahme bzw. Auflösung (ideal Pensionsrückstellungen)

Rückstellungsfinanzierung

- Finanzierungseffekt von Pensionsrückstellungen
- Bei vollständiger Gewinneinbehaltung beschränkt sich Finanzierungseffekt auf Einsparung (genauer: Stundung) von Ertragsteuern
- Bei gleichzeitiger Gewinneinbehaltung und Gewinnausschüttung besteht Finanzierungseffekt in Einsparung von Ertragsteuern und in der Vermeidung von Gewinnausschüttungen
- Bei vollständiger Gewinnausschüttung ist Finanzierungseffekt am höchsten und entspricht der gesamten Rückstellungsbildung
- Finanzierungseffekt, der durch die in einer Periode zusätzlich erwirtschafteten Finanzmittel erzielt wird, verringert sich durch Pensionszahlungen, die in derselben Periode stattfinden

Gliederung

Umschichtungsfinanzierung

Bei der Umschichtungsfinanzierung wird Anlage- oder Umlaufvermögen, das nicht mehr im Betrieb benötigt wird, veräußert. Das Unternehmen erhält schnell liquide Mittel.

Umschichtungsfinanzierung

- Die Umschichtungsfinanzierung stellt eine Finanzierung aus Vermögensumschichtungen dar, die **Kapitalfreisetzungen außerhalb** des **üblichen Umsatzprozesses** bewirken. Vermögensumschichtung bedeutet, dass Sachgüter, Finanzwerte und immaterielle Güter **durch Verkauf in liquide Mittel transformiert** werden. Ein **Beispiel** ist der **Verkauf eines nicht betriebsnotwendigen Grundstücks**.
- In der Bilanz äußert sich die Umschichtungsfinanzierung, wenn der **Verkaufspreis** dem **Buchwert** entspricht, zunächst als Aktivtausch: **An** die **Stelle** der **verkauften Vermögensgegenstände** treten liquide Mittel in Form von **Bankguthaben**. **Verwendet** das Unternehmen anschließend die liquiden Mittel, um **Schulden** zu **tilgen**, führt dies zu einer **Bilanzverkürzung** und zu einer **Erhöhung** der **Eigenkapitalquote**.
- Die Vermögensumschichtung kann sich auch auf die **Überschussfinanzierung** auswirken, nämlich dann, wenn der **Verkaufspreis** des Vermögensgegenstands **nicht** mit seinem **Buchwert** übereinstimmt, sodass **Verkaufsgewinne oder -verluste** entstehen.

Factoring

- Factoring ist der **laufende Verkauf** von **kurzfristigen Geldforderungen aus Lieferungen und Leistungen an einen Factor** (Factoringgesellschaft). Die Geldforderungen entstehen dadurch, dass ein Unternehmen seinen Kunden (Drittschuldnern) ein Zahlungsziel und somit einen **Lieferantenkredit** einräumt. Forderungen, die für das Factoring in Betracht kommen, haben meistens eine **maximale Laufzeit von 90 Tagen**.
- Das **(echte) Factoring** ist ein **Kaufgeschäft** und kein Kreditgeschäft. Das Unternehmen verpflichtet sich, seine Forderungen zum Kauf anzubieten und an den Factor abzutreten. Der Factor ist verpflichtet, das Angebot anzunehmen und den vereinbarten Kaufpreis zu zahlen. Der **Factor** ist **Inhaber der Forderungen und** für die gekauften Forderungen **buchführungspflichtig**. Gesetzliche Grundlagen sind die §§ 433, 437, 438 und 398 BGB.
- Beim echten Factoring **übernimmt** der **Factor** das **Ausfallrisiko**, d.h. das Risiko, dass der Drittschuldner seine Verpflichtungen nicht erfüllt. Hier liegt ein tatsächlicher Forderungsverkauf (True Sale) vor, und nur das echte Factoring zählt zur **Umschichtungsfinanzierung**.
- Beim **unechten Factoring** verbleibt das **Ausfallrisiko beim Unternehmen** und wird nicht an den Factor verkauft. Das unechte Factoring ist eine Form der **kurzfristigen Kreditfinanzierung**.